감리사
기출풀이

저자 서문

우리나라에서 어떤 자격이든 일정한 역할을 수행할 수 있는 권한을 국가로부터 부여받았다는 것은 자신이 직업을 택하거나 활동함에 있어 큰 장점이 아닐 수 없습니다. 이미 우리나라를 포함하여 글로벌하게 전통적인 IT시스템을 포함하여 스마트환경, 유비쿼터스 환경으로 인한 컨버전스 환경 등 IT에 대한 영역이 기하 급수적으로 증가하고 있습니다. 이에 따라 IT시스템 구축 및 운영 등에 대한 제3자적 전문가 품질 체크활동이 중요해질 수 밖에 없는 시대적인 환경이 되었고 우리나라에서는 이것을 수행할 수 있는 전문가를 수석감리원, 감리원으로 법적으로 규정하여 매년 시험으로 관련전문가를 선발해 내고 있습니다.

수석감리원이 될 수 있는 정보시스템 감리사는 각종 IT시스템에 대해 권한을 가지고 감리를 수행할 수 있는 자격으로서 의미가 큽니다. 자신이 수행해 왔던 전문성에 기반하여 다양한 영역을 학습한 통찰력을 바탕으로 다른 사람이 수행하는 시스템에 대해서 진단과 평가 및 개선점을 컨설팅을 수행 할 수 있습니다. 이는 자신의 전문가적 역량을 공식적인 권한을 가지고 많은 프로젝트나 운영환경에서 적용할 수 있는 기회가 되기도 하면서 또 한편으로 감리를 수행하는 당사자의 전문성을 더 넓히는 아주 좋은 기회가 되기도 합니다.

수석감리원이 되기 위한 두 가지 방법은 정보시스템감리사가 되거나 정보처리기술사가 되는 두 가지 방법이 있습니다. 두 개의 자격은 우리나라를 대표하는 최고의 자격이며 공교롭게 이를 취득하기 위해 학습해야 하는 범위가 80%가 비슷하다고 할 수 있습니다. 따라서 감리사를 학습하다 기술사를 학습할 수 있고, 반대로 기술사를 학습하다가 감리사를 학습하는 경우가 많이 있습니다.

어떤 자격시험이든 기출문제를 기반으로 학습을 해야 하는 것은 누구나 아는 사실일 것입니다. 이 책은 정보시스템감리사를 취득하기위해 참조해야 하는 기출문제에 대해서 회차별로 나온문제를 과목 및 주제별로 묶어내어 그 동안 출제되었던 기출문제를 통해 감리사의 핵심 학습을 유도하는 책이라 할 수 있습니다.
주제별로 포도송이처럼 문제들이 묶여 있기 때문에 각 주제별로 출제된 문제의 유형을 따악하는데 용이하고 관련된 지식을 학습하여 학습하는 사람이 효율적으로 학습하도록 내용을 구성하였습니다.

기출문제 풀이의 전문성을 높이기 위해 각 분야에서 가장 잘 이해하고 있는 감리사/기술사가 문제를 풀고 관련지식을 정리하였기 때문에 학습을 하는 사람에게 많은 도움이 될 것입니다.

이 책이 완성되는데 생각 보다 오랜 시간이 걸렸습니다. 많은 시간동안 관련분야 전문가가 심혈을 기울여 집필한 만큼 학습하는 사람들에게 의미있게 다가가는 책이기를 바랍니다. 이 책을 통해 학습하는 모든 분들에게 행복이 가득하시기를 바랍니다.

〈이춘식 정보시스템 감리사〉

국내 정보시스템 감리는 80년대 말 한국전산원(현 정보화진흥원)이 전산망 보급 확장과 이용촉진에 관한 법률에 의거하여 행정전산망 선투자 사업에 대한 사업비 정산을 위해 회계 및 기술 분야에 감리를 시행하게 되면서 시작되었습니다. 이후, 법적 제도적 발전을 통해 오늘의 정보시스템 감리사 제도로 발전하게 되었습니다.

현대 사회에서 정보시스템에 대한 비중은 날로 높아지고 있고, 정보시스템이 차지하는 중요성과 가치도 더욱 높아지고 있습니다. 정보시스템 감리사 제도가 공공 부문에만 의무화가 되어 있지만 정보시스템의 복잡성과 중요성이 인식되면서 일반 기업들도 감리의 중요성과 필요성을 점차 느끼고 있습니다. 앞으로 감리사의 역할과 비중이 더욱 높아질 것으로 예상됩니다.

정보시스템 감리사 시험은 다른 분야와 달리 폭넓은 경험과 고도의 전문 지식이 필요합니다. 감리사 시험을 준비하는 수험생 분들이 느끼는 어려운 점은 시험에 대한 정보 부족과 학습에 대한 부담입니다. 국내 IT분야의 현실을 고려할 때 매일 시간을 내어 공부하는 것이 어렵지만 어려운 현실에서도 감리사 합격을 위해 주경야독하는 분들을 위해 이 책을 집필하게 되었습니다. 많은 독자 분들이 이 책을 보고 "아하 이런 의미였네!" "이렇게 풀면 되는 구나!" 하는 느낌과 자신감을 얻고, 합격의 지름길을 빨리 찾을 수 있으면 좋겠습니다.

공부는 현재에 희망의 씨앗을 뿌리고 미래에 달성의 열매를 수확하는 것입니다. 이 책을 통해 어려운 현실에서도 현실에 안주하지 않고 보다 나은 자신의 미래를 위해 열심히 달려가는 독자 분들께 커다란 희망을 제공하고 싶습니다. 독자 분들의 인생을 바꿀 수 있는 진정한 가치 있는 책이 되길 희망합니다.

〈양회석 정보관리 기술사〉

개인적으로 2011년 초 필자가 주변에서 가장 많이 들었던 단어는 변화(Change)와 혁신 (Innovation)이었습니다. 변화가 모든 이에게 필요할까라는 근본적인 의구심이 들기도 하고, 사람을 4개의 성격유형으로 나눌 때 변화를 싫어하는 안정형으로 강력하게 분류되는 필자에게 있어 변화는 그리 친숙한 개념은 아닙니다.

그러나, 독자와 필자가 경험하고 있듯이, 직장과 사회의 변화에 대한 강력한 메시지는 피할 수 없으며, 성공이라는 목표를 달성하기 위해서 개인이 변화해야 한다는 당위성에 의문을 갖기는 현실적으로 어렵지 않을까 싶습니다.

정보시스템감리사는 수석감리원의 신분이 법적으로 보장되며, 매년 40여명의 최종 합격자만을 엄선하는 전문 자격증으로, 정보기술업계에 있는 사람이라면 한번 쯤 도전해 보고 싶은 매력적인 자격증으로, 자격 취득이 자기계발이나 직업선택에 있어 변화의 동인 (Motivation)과 기반이 되기에 충분하다고 필자는 생각합니다.

이 책은 수험자들이 자격취득을 위해 필요한 지식기반(Knowledge Base)의 폭과 깊이를 충분히 제공하기 위해 전문 강사들의 수년간 강의 경험을 집대성하여 작성되었으므로, 감리사 학습에 길잡이가 될 것이라 확신합니다.

특히, 년도별 단순 문제풀이 방식이 아닌, 주제 도메인별로 출제영역을 묶어 집필함으로써 정보시스템감리사 학습영역을 가시화하고 단순화하려는 노력을 하였으며, 주제에 대한 파생 개념에 대해서도 많은 내용을 담으려 노력하였습니다.

시장에서 우월한 경쟁력으로 급격하게 시장을 독점하여 성장하는 기술을 파괴적 기술(Disruptive Technology)이라고 부른다고 합니다. 그러한 혁신을 파괴적 혁신 (Disruptive Innovation)이라고도 합니다. 이 책을 통해 독자들이 정보시스템감리사 지식도메인의 급격하고도 완전한 지식베이스(Disruptive Knowledge Base)를 형성할 수 있기를 필자는 희망하고 기대합니다.

마지막으로, 책 집필 기간 동안 퇴근 후 늦게까지 작업을 해야 했던 남편을 물심양면으로 지원해주고 이해해 준 노미현씨에게 깊이 감사하며, 많은 시간 함께하지 못한 아빠를 변함없이 좋아해주는 사랑스러운 은준이, 서안이, 여진이 삼남매에게 미안하고 사랑한다는 말을 전하고 싶습니다.

〈최석원 정보시스템감리사〉

정보시스템감리사 도전은 직장생활 10년 차인 저에게 전문성과 실력을 체크하고 한 단계 도약하기 위한 시험대였습니다.

그 동안 수행한 업무 영역 외의 전자정부의 추진방향과 각종 고시/지침/가이드, 프로젝트 관리방법, 하드웨어, 네트워크 등의 시스템 구조, 보안 등의 도메인을 학습하면서 필요에 따라 그때그때 습득하였던 지식의 조각들이 서로 결합되고 융합되는 즐거움을 느낄 수 있었습니다. 또한 업무를 수행할 때에도 학습한 지식들을 응용하여 보다 체계적이고 전문적인 의견을 제시할 수 있게 되었습니다.

그 때의 저처럼 정보시스템감리사라는 객관적인 공신력 확보로 한 단계 도약하고자 하는 사람들에게 시험합격이라는 단기적인 목표달성 외에 여기저기 흩어져 있던 지식들이 맥락을 찾고 뻗어 나가는 즐거움을 느낄 수 있었으면 하여 이 책을 준비하게 되었습니다.

시험을 준비할 때에는 기출문제 분석이 가장 중요합니다. 기출문제를 분석하다 보면 출제흐름 및 IT 변화도 느낄 수 있으며, 향후에 예상되는 문제도 만날 수가 있습니다. 이 책은 기출문제를 주제별로 재구성하여 출제 경향이 어떻게 변화해왔는지 향후 어떻게 변화할 지를 직접 느낄 수 있도록 하였습니다. 또한 한 문제의 정답과 간단한 풀이로 끝나는 것이 아니라 관련된 배경지식을 설명하여 보다 발전된 형태의 문제에 대해서도 해결능력을 키울 수 있도록 하였습니다.

〈김은정 정보시스템감리사〉

KPC ITPE를 통한 종합적인 공부 제언은

감리사 기출문제풀이집을 바탕으로 기출된 감리사 문제의 자세한 풀이를 공부하고, 추가 필수 참고자료는 국내 최대 기술사,감리사 커뮤니티인, 약 1만 여개의 지식 자료를 제공하는 KPC ITPE(http://cafe. naver.com/81th) 회원가입, 참조하시면, 감리사 합격의 확실한 종지부를 조기에 찍을 수 있는 효과를 거둘 것입니다.

http://cafe.naver.com/81th

[참고]
● 감리사 기출문제 풀이집을 구매하고, KPC ITPE에 등업 신청하시면, 감리사, 기술사 자료를 포함 약 10,000개 지식 자료를 회원 등급별로 무료로 제공하고 있습니다.
● 감리사 기출 문제 풀이집은 저술의 출처 및 참고 문헌을 모두 명기하였으나, 광범위한 영역으로 인해 일부 출처가 불분명한 자료가 있을 수 있으며, 이로 인한 출처 표기 누락된 부분을 발견, 연락 주시면, KPC ITPE에서 정정하겠습니다.
● 감리사 기출문제에 대한 이러닝 서비스는 http://itpe.co.kr를 통해서 2011년 7월에 서비스 예정입니다.

감리사 기출풀이

보안 도메인 학습범위

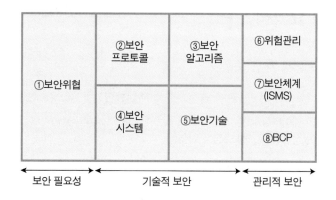

영역	분야	세부 출제 분야
S01.보안위협	최신 보안 기술 및 이슈	최신 보안관련 기술, 해킹 등 보안 이슈
S02.보안프로토콜	보안 프로토콜	SSL, Kerberos, IPSec, SET, PGP, S-MIME
S03.보안알고리즘	암호학	암호알고리즘, 해쉬함수
S04.보안시스템	네트워크보안	방화벽, DMZ, IDS, IPS, VPN, NAC, Anti-virus
S05.보안기술	응용보안	DB보안, Web보안/OWASP, SSO, EAM, DRM
	인증/전자서명	전자서명, 인증, 키관리, PKI
	요소별 보안관리	서버보안, DB보안, 응용보안, 네트워크보안, 단말기보안
S06.위험관리	위험관리	위험관리, 위험분석
S07.보안체계	정보보호 관리체계	보안정책, ISO 27001, KISA ISMS
	최신 보안 동향	최신 보안관리 동향 및 관련 법규
S08.BCP	업무영속성 관리	업무영향평가, 비상계획, 재해복구, 백업

S01. 보안 위협

시험출제 요약정리

1) Hacking 공격 유형에 따른 분류

구분	해킹유형
변조	원래의 데이터를 다른 내용으로 바꾸는 행위로 시스템의 불법적으로 접근하여 데이터를 조작하여 정보의 무결성 보장을 위협
가로채기	비인가된 사용자 또는 공격자가 전송되고 있는 정보를 몰래 열람, 또는 도청하는 행위로 정보의 기밀성 보장을 위협
차단	정보의 송수신을 원활하게 유통하지 못하도록 막는 행위를 말하며, 정보의 흐름을 차단하며 이는 정보의 가용성 보장을 위협
위조	마치 다른 송신자로부터 정보가 수신된 것처럼 꾸미는 것으로 시스템에 불법적으로 접근하여 오류의 정보를 정확한 정보인 것으로 속위는 행위

2) 해킹 기법 및 대책

해킹수법	설명	대표적인 기법	대책요약
신뢰성위장	침입자가 정당한 사용자의 권한을 훔쳐 접근	패킷 스니퍼, 패스워드 크랙	일회용 패스워드, 새도우 패스워드
신뢰성위장	정당한 호스트로 위장하여 인증 없이 불법 접근	Rhosts, /etc/host.equiv 변조	시스템 변조방지, 일일 점검
취약성공격	운영체제, 응용의 버그를 이용한 침입	Sendmail, tftp, NFS	버그패치, 버전업, 올바른 시스템 구성
취약성공격	시스템, 프로토콜의 구조적 결함을 이용한 공격	Packet sniffing	시스템, 프로토콜의 구조적 결함을 이용한 공격
데이터 주도 공격	바이러스, 웜, 트로이목마 등 불법 프로그램을 이용	Rootkit, Worm, AutoHack, ISS	불법 프로그램 감시, 불법 접근 방지
서비스거부 공격	시스템의 정상서비스를 방해하는 공격	Mail bomb/spam	불법 공격감시 및 접속 끊기

해킹수법	설명	대표적인 기법	대책요약
사회공학	관리자를 속여 공격대상의 인증 정보를 알아냄	전화등을 통해 타인으로 위장	올바른 보안정책 및 방침 운영 및 교육 훈련

3) SQL Injection 공격

구분	공격유형
Mass SQL injection	- 자동 삽입 스크립트를 사용. - 데이터 베이스에 악성 코드 대량 삽입. - POST나 HTTP Header(Cookie, referrer) 등 이용 정상적 접속 이용.
Blind SQL injection	- DB에 적절한 Query를 통해 True/False 를 유발 시키며, 반복적인 Query 통해 추정 문자 열을 추출해 하는 기법. - 주로 DB 정보의 추출 및 이를 이용한 권한 획득. - Error Log 등이 남아 있지 않아 침입여부 판단 어려움
Authentication Bypass, Parameter Manipulation, OS Call	

4) Malware

구분	유형	
바이러스	다른 프로그램이나 컴퓨터 자원에 기생하는 해킹 프로그램,컴퓨터(네트워크로 공유된 컴퓨터 포함)내에서 사용자 몰래 다른 프로그램이나 실행가능한 부분을 변형해 자신 또는 자신의 변형을 복사하는 명령어들의 조합	
	부트 바이러스 (BOOT virus)	Brain, Monkey, Anti-CMOS
	파일 바이러스 (File virus)	실행 가능한 프로그램에 감염 (확장자가 COM, EXE인). 가장 일반적. 예) Jerusalem, Sunday, Scorpion, Crow, FCL, Win95/CIH 등
	부트/파일 바이러스 (Multiparttite)	부트 섹터와 파일에 모두 감염되는 바이러스, 대부분 크기가 크고 피해 정도가 큼. 예) Invador, Euthanasia, Ebola 등
	매크로 바이러스 (Macro virus)	새로운 파일 바이러스의 일종으로 감염 대상이 실행 파일이 아니라, MS사의 엑셀과 워드 프로그램에 사용하는 문서 파일에 감염됨. 매크로를 사용하는 문서를 읽을 때 감염된다는 점이 이전 바이러스와 다름. 예) XM/Laroux 등
웜	자기복제와 독립적인 파괴 활동을 하는 프로그램,인터넷(또는 네트워크)를 통하여 시스템에서 시스템으로 자기 복제를 하는 프로그램	

구분	유형	
트로이 목마	유틸리티 프로그램 등에 악의적 코드를 내장하여 사용자 정보를 유출하거나 자료파괴와 같은 피해를 주는 프로그램	
Hoax & Joke & Spyware	Hoax (가짜)	전자메일로 다른 사람들에게 거짓 정보나 루머 유포하는 프로그램
	Joke	트로이 목마와 달리 악의적 목적을 가지지 않고 사용자의 심리적 불안을 조장하는 프로그램
	스파이웨어 (spyware)	다른사람의 컴퓨터에 잠입하여 개인정보를 빼내는 소프트웨어로 광고나 마케팅 목적이 많아 ad-ware라고도 함
피싱 & 파밍	피싱	이메일 등을 통해 존재하지 않는 사이트로 유인하여 개인 금융정보를 알아내는 사회공학적 기법
	파밍	DNS를 공격하여 정상 URL의 사기 사이트로 유인하여 개인정보를 알아내는 피싱의 발전된 형태 해킹기법

5) DDOS

분산서비스거부는 특정 웹서버나 DNS 서버 등 서버시스템과 네트워크 장비에 일순간 많은 양의 트래픽(전송량)을 집중시켜서 국내 포털 사이트들과 웹사이트들이 제공하는 서비스를 지연 혹은 마비시키는 공격기법으로 DoS공격은 공격할 시스템의 하드웨어나 소프트웨어 등을 무력하게 만들어 정상적인 수행에 문제를 발생시키는 공격으로 Smurf, Trinoo, SYN flooding, Teardrop이 있음.

DDoS 공격 툴	
Trinoo	- 1996년 미네소타 대학에서 발생한 솔라리스 2.x에서 처음 발견되었으며 UDP flooding으로 타겟 시스템을 공격하는 기법 - 공격자와 마스터 그리고 에이전트는 TCP 및 UDP를 사용하여 통신 (Attacker-Deamon-Victim)
TFN;Tribal Flood Network	- Trinoo와 같은 고전 분산공격형태로 마스터 프로그램과 다수의 에이전트를 사용하나 trinoo와 달리 에이전트의 source ip을 속일 수 있고 다양한 공격을 혼용할 수 있음(UDP flood,TCP SYN flood,ICMP echo request flood,ICMP broadcasting)으로 초기 버전에 비해 업그레이드된 TFN2K가 있음
Stacheldraht	- 독일어로 철조망리라는 의미로 trinoo와 TFN의 특성을 유지하면서 공격자시스템/슈타첼드라트 마스터시스템/자동 업데이트되는 agent deamon과의 통선에 암호화기능이 추가된 버전이며 전작인 trinoo나 TFN과 같이 슈타첼드라트도 client(handler)와 deamon 프로그램으로 구성됨
DDoS 공격기법	
Teardrop	- TCP/IP 통신에서 보내는 쪽에서 IP 데이터그램을 분해하고 받는 쪽에서 합치는 과정을 공격자가 임으로 과도하게 발생켜 대상컴퓨터가 다운되게 하는 DoS 공격 - 윈도우 OS의 IP fragmentation 재조합 코드 안에 버그를 일으키는 invalid fragmented IP 패킷을 보내며, 통상 방화벽 패킷 차단과 OS를 최신 서비스팩으로 업데이트를 통해 대비

DDoS 공격 툴	
Smurf	Ping of Death처럼 ICMP 패킷을 이용한 것으로 공격자가 위조된 IP로 특정 네트워크에 거짓된 패킷을 보내고 ICMP Requset를 받은 네트워크는 ICMP Reauest 패킷의 위조된 시작 IP 주소로 ICMP Reply를 보내게 되어 공격대상은 수많은 ICMP Reply을 받게 되어 시스템이 과부하 되는 공격
Ping of death	Ping을 이용하여 ICMP 패킷을 정상크기보다 크게 만들면 네트워크를 통해 라우팅되어 공격네트워크에 도달하는 동안 아주 작은 조각이 되는데 공격 대상시스템은 작게 조각화된 패킷을 모두 처리해야하므로 정상 Ping에 비해 시스템 과부하 발생
SYN flooding	네트워크 각서비스를 제공하는 시스템에는 동시사용자의 제한이 있으며 존재하지 않는 클라이언트가 접속하여 다른 정상적인 사용자가 접속하지 못하게 하는 방법으로 대기시간을 줄이고 IDS를 설치하여 방어
Land	패킷 전송시 출발지 IP와 목적지 IP 주소값을 공격대상의 IP 좃와 동일하게 전달하여 패킷이 꼬리에 꼬리를 무는 방식으로 시스템 부하를 주는 방식

6) 정보보호의 5대 요소 및 보안기술

구분	설명	보안기술
인증	자신의 신분과 행위를 증명하는 행위 합법적 사용자로 위장(Spoofing)	생체인증,스마트카드인증 서버인증
기밀성	비인간된 사용자 및 불법적 행위로 부터 정보의 노출을 방지 정보의 불법적(Sniffing,Man in the middle)	DES,3DES,SEED,이중서명
무결성	– 데이터의 내용이 정당하지 않은 방식으로 변경이나 삭제되는 것을 방지 – 데이터의 왜곡,수정(메시지 변조)	Hash,CRC
부인방지	– 데이터의 발신 또는 수신자가 송수신 사실을 부인하는 것을 방지	전자서명
가용성	– 인가된 사용자가 서비스를 요구할 때 언제나 사용가능하도록 서비스 – 서비스가 불가능하도록 부하 발생(DoS)	BCP/DRS,Anti–Virus

7) 휴대폰 악성코드

구분	유형	종류
단말장애형	단말 사용불가, 장애 유발형	– Skull : 모든 메뉴아이콘을 해골로 변경, 통화 이외의 부가 기능 사용불가 – Locknut : 단말의 일부 키 버튼을 고장 – Gavno : 전화의 송수신 기능 마비

구분	유형	종류
배터리소모형	단말 전력소모, 배터리 고갈	Cabir : 블루투스로 전파, 인근 블루투스 스캐닝/전파, 배터리 고갈
과금유발형	메세징서비스, 전화시도 등 과금	- Redbrowser : 불특정 다수 SMS발송, 메세징 과금 - Kiazha : 사용자에게 돈을 요구, 저장 문자메세지 삭제 - Treddial : 무단으로 국제전화 발신, 윈도우 모바일OS대상, 모바일 게임인 '3D 안티 테러리스트 액션[Anti-terrorist action]'과 동영상 관련 유틸리티인 '코덱팩[codecpack]'에 포함돼 배포됐으며 50초마다 국제전화
정보유출형	단말정보, 사용자 정보 외부 유출	- Infojack : 합법적 app다운시 함계 설치, 웹 서버 접속 시 설치되며 단말의 보안설정 변경, 단말정보를 외부로 전송 - Flexispy : 스파이웨어 형태의 상용 악성코드, 전화기록/문자메세지 유출 - PBStealer : 최초의 휴대폰의 사용자 데이터를 훔치는 트로이목마형 악성코드. 사용자의 주소록을 텍스트 파일로 저장한 이후에 해당 파일을 블루투스를 이용해 전송 - Commwarrior : 휴대폰의 주소록을 훔쳐 MMS를 통해 파일을 전송하며 사회공학적 기법을 응용한 트로이목마형 악성코드 - Allcano: 사용자의 휴대폰이 수신, 발신하는 SMS 문자를 특정 번호로 전송하는 스파이웨어. 악성코드가 실행되면 프로세스를 은닉하기 때문에 사용자는 실행 여부를 알 수 없음
크로스 플랫폼형	모바일단말을 통해 PC를 감염시키는 유형	- Cardtrap: 폰의 메모리카드를 PC에 장착했을 때 autorun을 통해 PC 감염, 데이터 삭제 및 성능 저하. - Windows 악성코드인 Win32/Padobot.Z와 Win32/Rays를 복사하며 Padobot.Z는 Autorun이 가능하므로 Windows 운영체제 PC에서 자동 실행해서 PC에 악성코드를 설치

기출문제 풀이

2005년 92번

다음과 같은 보안사고를 지칭하는 용어는 무엇인가?
"회원님의 신용카드와 계좌정보에 문제가 발생하여 수정이 필요하다" 고 이메일 등을 통하여
속인 뒤, 금융기관을 모방한 웹사이트로 유인하여 개인정보를 빼냄"

① 피싱(Phishing)
② 스니핑(Sniffing)
③ 스파이웨어(Spyware)
④ 백도어(Back Door)

● 해설 : ①번

피싱은 이메일 등을 통해 금융기관을 사칭하여 개인정보를 유출하게 하는 사회공학 기법임.

● 관련지식 ●●

• 피싱 공격기법

구분	내용
피싱	금융기관 등으로부터 개인정보를 불법적으로 알아내 이를 이용하는 사기수법
공격	– 유사한 이메일 주소 사용 – 유사한 도메인 이름 사용 – 이메일 주소 Spoofing – Hyperlink위조 – 스크립트를 이용한 주소창 위조
대응	– 사용자 주의 – URL 필터링 – 금융권 홍보

해킹의 유형은 침입(Intrusion), 서비스거부(Denial of Service), 정보절취(Information Theft) 등으로 구분할 수 있다. 다음 중에서 정보 절취에 해당하는 것은?

① 스니핑(sniffing) 기법 혹은 스푸핑(spoofing) 기법
② 불법적으로 다른 사람이나 기관의 시스템 자원을 사용하는 기법
③ 다른 해킹을 위한 경유지로 삼기 위해 행하는 해킹
④ 특정 서버의 정상적인 기능을 중지시킬 목적으로 행하는 해킹

● 해설 : ①번

정보의 내용을 중간에서 가로채는 해킹 유형을 정보절취라고 하며 스니핑 기법이라고 함.

● 관련지식 ●●●

• 해킹의 유형

구분	내용
신뢰성 위장	침입자가 정당한 사용자의 권한을 훔쳐 접근, 정당한 호스트로 위장하여 인증 없이 불법 접근
취약성 공격	운영체제, 응용의 버그를 이용한 침입, 시스템, 프로토콜의 구조적 결함 이용 공격
데이터 공격	바이러스, 웜, 트로이목마 등 불법 프로그램을 이용
서비스 거부	시스템의 정상서비스를 방해하는 공격
사회공학	관리자/사용자를 속여 공격대상의 인증정보를 알아내며 이메일이나 전화 등을 통해 타인으로 위장

합법적인 사용자의 도메인을 탈취하거나 도메인 네임 시스템(DNS) 또는 프락시 서버의 주소를 변조함으로써 사용자들로 하여금 진짜 사이트로 오인하여 접속하도록 유도한 뒤에 개인정보를 훔치는 새로운 컴퓨터 범죄 수법은 무엇인가?

① 피싱(phishing)
② 스니핑(sniffing)
③ 스패밍(spamming)
④ 파밍(Pharming)

● 해설 : ④번

파밍은 피싱과 달리 도메인 네임 시스템이나 프락시 서버를 공격하여 실제 존재하는 사이트로 위장하는 기법으로 사용자가 주의를 기울인다 하더라도 해킹 사이트 여부를 판단하기 어려운 공격기법임.

● 관련지식 ●●●

• 파밍 공격기법

구분	내용
파밍	다른 사용자의 도메인을 탈취하거나 도메인 네임 시스템의 이름을 속여 인터넷 사용자들이 진짜 사이트로 오인하도록 유도하여 개인정보를 탈취하는 수법
동작원리	1) 공격자는 DNS를 공격 2) 사용자는 인터넷에 접속함 3) 사용자는 공격당한 DNS에서 변조된 주소를 획득 4) 거짓 웹사이트에 접속하여 공격자에게 사용자 개인/금융 정보 유출

대표적인 악성프로그램의 종류에 대한 설명 중 틀린 것은?

① 바이러스(Virus) : 한 시스템에서 다른 시스템으로 전파하기 위해서 사람이나 도구의 도움이 필요한 악성프로그램이다.
② 웜(Worm) : 한 시스템에서 다른 시스템으로 전파하는데 있어서 외부의 도움이 필요하지 않은 악성프로그램이다.
③ 래빗(Rabbit) : 인가되지 않은 시스템 접근을 허용하는 악성프로그램이다.
④ 논리 폭탄(Logical Bomb) : 합법적 프로그램 안에 내장된 코드로서 특정한 조건이 만족되었을 때 작동하는 악성 코드이다.

● 해설 : ③번

래빗(Rabbit)은 1996년 후반에서 1970년 초반 유니박스 1108(Univax 1108)에서 나타났으며 일종의 웜 프로그램으로 다른 컴퓨터로 퍼지지 않으며 기억장소에서 복사되는 프로그램임.

● 관련지식 ●

• 악성 프로그램 유형

구분	내용
바이러스	컴퓨터내에서 사용자 몰래 다른 프로그램이나 실행 가능한 부분을 변형해 자신 또는 자신의 변형을 복사하는 명령어들의 조합(감염대상 있음. 파괴)
웜	인터넷(또는 네트워크)을 통하여 시스템에서 시스템으로 자기복제를 하는 프로그램(스스로 번식하는 특성, 서비스 방해)
토로이 목마	유틸리티 프로그램 내에 악의의 기능을 가지는 코드를 내장하여 배포하거나 그 자체를 유틸리티 프로그램으로 위장하여 배포하게 되며 특정한 환경이나 조건 혹은 배포자의 의도에 따른 사용자의 정보유출이나 자료파괴와 같은 피해를 줌
가짜(Hoax)	전자메일로 다른 사람에게 거짓 정보 즉 루머를 유포하는 것으로 사용자에게 심리적인 위협 또는 불안을 조장하는 경우가 포함되며 사람에 의하여 다른 사람에게 전파되는 행운의 편지와 같은 유형의 메일을 의미
조크(Joke)	트로이 목마와 달리 악의적인 목적을 가지조 않고 사용자에게 심리적인 위협 혹은 불안을 조장하는 프로그램

2009년 91번

IP 방송(Broadcasting) 주소와 IP 스푸핑(Spoofing)주소 그리고 핑(Ping)과 에코(Echo)의 특성을 악용한 네트워크 공격으로 공격자는 자신의 IP 주소를 근원지 주소로 사용하지 않고 희생자의 주소를 근원지 주소로 사용하여 목적지로 ICMP 핑 메시지를 방송하면, 이 방송된 핑 메시지에 대한 엄청난 양의 에코 응답이 '희생자'에게로 돌아가게 되어 희생자가 실제 트래픽을 이용하지 못하게 되는 DoS(Denial of Service) 공격의 형태를 무엇이라 하는가?

① DDoS 공격   ② SYN 공격   ③ Teardrop 공격   ④ Smurf 공격

● 해설 : ④번

　Smurf DDoS 공격은 IP Spoofing을 통해 ICMP echo 메시지가 과다하게 발생되게 하여 피해 시스템을 다운되게 하는 DDoS 공격의 대표적인 기법임.

● 관련지식 ●●

• DDOS

구분	내용
Trinoo	1996년 미네소타 대학에서 발생한 솔라리스 2.x에서 처음 발견되었으며 UDP flooding으로 타겟 시스템을 공격하는 기법
TFN;Tribal Flood Network	trinoo와 달리 에이전트의 source ip를 속일 수 있고 다양한 공격을 혼용할 수 있음(UDP flood,TCP SYN flood,ICMP echo request flood,ICMP broadcasting)
Stacheldraht	독일어로 철조망리라는 의미로 trinoo와 TFN의 특성을 유지하면서 공격자시스템/ 마스터 시스템/자동 업데이트되는 agent deamon과의 통신에 암호화기능이 추가
Teardrop	TCP/IP 통신에서 보내는 쪽에서 IP 데이터그램을 분해하고 받는 쪽에서 합치는 과정을 공격자가 임으로 과도하게 발생켜 대상컴퓨터가 다운되게 하는 DoS 공격
Smurf	Ping of Death처럼 ICMP 패킷을 이용한 것으로 공격자가 위조된 IP로 특정 네트워크에 거짓된 패킷을 보내고 ICMP Requset를 받은 네트워크는 ICMP Reauest 패킷의 위조된 시작 IP 주소로 ICMP Reply를 보내게 되어 시스템이 과부하 발생
Ping of death	Ping을 이용하여 ICMP 패킷을 정상크기보다 크게 만들면 네트워크를 통해 라우팅되어 공격네트워크에 도달하는 동안 아주 작은 조각이 되는데 공격 대상시스템은 작게 조각화된 패킷을 모두 처리해야하므로 정상 Ping에 비해 시스템 과부하 발생
SYN flooding	네트워크 각서비스를 제공하는 시스템에는 동시사용자의 제한이 있으며 존재하지 않는 클라이언트가 접속하여 다른 정상적인 사용자가 접속하지 못하게 하는 방법
Land	패킷 전송시 출발지 IP와 목적지 IP 주소값을 공격대상의 IP 좃와 동일하게 전달하여 패킷이 꼬리에 꼬리를 무는 방식으로 시스템 부하를 주는 방식

다음은 웹을 사용할 때 나타날 수 있는 여러 보안 위협의 유형을 나열해 놓은 것이다. 연결이 잘못된 것은?

		위협	피해사항
①	무결성	사용자 데이터 변경	정보의 훼손
②	기밀성	서버에서 정보 엿보기 클라이언트에서 데이터 엿보기	정보의 노출
③	서비스거부	사용자 쓰레드(Thread) 삭제하기 DNS 공격을 통한 컴퓨터 고립하기	정보의 손실
④	인증	합법적 사용자로 위장하기	사용자 식별오류

● 해설 : ③번

　　서비스 거부는 가용성 측면에서 DoS나 DDoS에 의한 서비스 불능의 피해사례로 설명되어야 함.

● 관련지식 ●●●

　• 정보보호의 5대 요소 및 보안기술

구분	내용	예시
인증	– 자신의 신분과 행위를 증병하는 행위 – 합법적 사용자로 위장(Spoofing)	생체인증,스마트카드인증,서버인증
기밀성	– 비인간된 사용자 및 불법적 행위로 부터 정보의 노출을 방지 – 정보의 불법적(Sniffing,Man in the middle)	DES,3DES,SEED,이중서명
무결성	– 데이터의 내용이 정당하지 않은 방식으로 변경이나 삭제되는 것을 방지 – 데이터의 왜곡,수정(메시지 변조)	Hash,CRC
부인방지	– 데이터의 발신 또는 수신자가 송수신 사실을 부인하는 것을 방지	전자서명
가용성	인가된 사용자가 서비스를 요구할 때 언제나 사용가능하도록 서비스 서비스가 불가능하도록 부하 발생(DoS)	BCP/DRS,Anti-Virus

분산 서비스 거부(DDOS) 공격에 대한 설명으로 가장 적절하지 않은 것은?

① DDOS 공격은 공격에 가담할 좀비 컴퓨터를 필요로 한다.
② 공격 대상 시스템에 대해 성능 저하 및 시스템 마비를 일으킨다.
③ 공격 방법으로는 smurf, trinoo, SYN Flooding 등이 있다.
④ DDOS 공격은 네트워크를 이용하기 때문에 백신 프로그램으로는 막을 수 없다.
⑤ 인터넷 이용 시 설치하는 Active X 프로그램도 분산 서비스 거부(DDOS) 공격에 이용될 수 있다.

● 해설 : ③,④번

③의 공격방법 중 Trinoo를 공격도구로 분류할 것인지, 공격기법으로 일반화할 것인지에 따라 이견이 있을 수 있고, 백신 프로그램 설치 및 패치는 좀비 PC의 확산을 막을 수 있는 도구로서 활용가능함.
일반적으로는 DoS 공격유형을 Ping of Death, SYN Flooding, Teardrop, Land, Win Nuke, Smurf, Mail Bomb으로 구분하기도 하며 DDoS는 좀비를 통한 DoS의 확장판이라고 정의함.

● 관련지식 ●●●

1) Agent 유포 경로

구분	내용
P2P	정상 S/W에 악성 코드 (DDS Agent) 삽입
웜/바이러스	웜/바이러스에 악성 코드 (DDOS Agent) 삽입
사회공학	이메일 등을 통한 악성 코드(DDOS Agent) 전파
홈페이지	취약한 사이트 해킹을 통한 악성 코드 (DDOS Agent) 유포

2) 공격에 대비한 사전 준비
　- 모니터링 체계 구축 : 공격 징후 및 공격 발생 시, 즉시 인지 및 분석 가능
　- 공격에 대비한 업무 분장을 통한 단일 명령 체계 확립
　- 대외 협력 기관과의 협조 체계 및 비상 연락망 사전 구축

3) 공격 발생시 대응방안
　- 공격 확산 방지 : 대응방안에 따른 초동 대응, 네트워크 수준으로의 공격 확산 방지
　- ISP/IDC 등과의 적극적인 협력 : 실시간 정보 공유 및 공동 대응 방안 마련
　- 대외 협력 기관과의 협력 : 샘플 확보 및 분석,보안 프로그램(백신) 업데이트, 봇넷 제거 등

S02. 보안 프로토콜

시험출제 요약정리

1) SSL/TLS

- 넷스케이프사에서 만든 웹 데이터 암호화를 위한 프로토콜로 응용계층과 TCP/IP계층 사이에서 동작하며 응용 데이터 전송과는 별도의 핸드쉐이크 프로토콜(Handshake Protocol)이 서버와 클라이언트간의 상호인증을 위해서 사용
- 어플리케이션에 독립적 .인증기능은 있으나 부인방지기능은 없음.데이터의 암호화.클라이언트와 서버의 인증기능.데이터 무결성 보장

Transaction Protocol −UDP			
Hand Shake Protocol	Alert Protocol	Change Cipher Protocol	Application Protocol
Record Protocol			
Transport Protocol − WDP/UDP			
Bearer Network			

구분	내용
프로토콜 구성요소	Handshake프로토콜 : 사용할 암호 알고리즘을 결정하고 키 분배 작업을 수행함 Record프로토콜에 위에 위치,PKI기반 사용자 인증 담당,비밀키 암호 알고리즘의 종류 및 키 설정을 할당 (보안능력(버전,암호화방식) 협상−서버인증−클라이언트 인증−메세지 교환),Secret key암호 알고리즘의 종류 및 키 설정을 담당. 세션 정보 공유 – 클라이언트에서의 서버 인증 – 클라이언트와 서버사이에서 사용할 암호화 알고리즘의 선택서버에서 선택 – 서버에 선택적으로 클라이언트 인증 – 공개키 방식을 사용해서 세션키 생성 – 암호화된 SSL 연결의 설정 Step 1. 클라이언트와 서버는 사용할 알고리즘의 종류를 선택한다.(ClientHello,ServerHello) Step 2. 클라이언트와 서버는 인증 및 비밀키 암호를 설정한다. (Certificate*,ServerKeyExchange*, CertificateRequest*, ServerHelloDone,Certificate*,ClientKeyExchange, CertificateVerify*)

구분	내용
프로토콜 구성요소	Step 3. 클라이언트와 서버는 Step 1과 Step 2가 올바르게 이루어 졌는지 여부를 검증한다.(Client와 Server의 Finished 메시지) Full 핸드쉐이크의 경우 새로운 세션을 맺기 위해 사용되며 Abbreviated 핸드쉐이크의 경우 이전에 생성되었던 세션을 재 사용하기 위해 사용되며 Abbreviated 핸드쉐이크는 공개키 연산을 수행하지 않으므로 Full 핸드쉐이크에 비해 속도가 빠르다는 장점
	Record 프로토콜 : TCP위에 위치, Handshake 프로토콜에서 결정된 비밀키 암호 알고리즘을 이용해 메시지를 암호화, Handshake프로토콜 과정동안 결정된 블록암호 알고리즘과 비밀키를 이용하여 송/수신 자료의 암호화와 복호화를 수행함,SSL Record Protocol: 단편화, 암호화, MAC,압축
운영모드	1) 익명모드 : 클라이언트와 서버 모두 공개키 인증서를 갖고 있지 않을 경우 이용 2) 서버인증모드 : 서버만이 공개키 인증서를 갖고 있을 경우 사용 (가장 보편적) 3) 상호인증모드 : 클라이언트와 서버 모두 공개키 인증서를 갖고 있을 경우
암호화	SSL 수행단계에서 교환되는 Session key는 비밀화 암호화(Secret ket Cryptography), 즉 대칭적 암호화 에서 사용되는 키로서 하나의 키를 양쪽에서 각기 나누어 가짐으로써 하나의 키로 암호화한 데이터를 송신측에서 전송하면 수신측에서 암호화 시 사용한 동일한 키로 복호화하는 단순한 구조를 가짐
알고리즘	1) 전자서명 및 키 교환 알고리즘 : RSA 2) 암호 알고리즘 : RC4, RC2, IDEA, DES, 3DES, Fortezza 3) 해시함수 (MAC을 위한) : MD5, SHA-1

2) IPSec

양 종단 간의 안전한 통신을 지원하기 위해 IP계층을 기반으로 하여 보안 프로토콜을 제공하는 개방 구조의 프레임 워크

구분	내용			
프로토콜 구성요소	AH : 인증, 무결성, 리플레이 방지 (비밀성 or 기밀성은 지원하지 않음)			
	0 - 7 bit	8 - 15 bit	16 - 23 bit	24 - 31 bit
	Next heade	Payload length	RESERVED	
	Security parameters index (SPI)			
	Sequence number			
	Authentication data (variable)			
	1) Next header: authentication header뒤에 나타나는 Payload의 Type을 나타내는 8bit값으로 TCP는 6, UDP의 경우 17로 지정되어 있음 2) Payload Length: authentication header를 나타내는 8bit값 3) SPI(Security parameters index): 적합한 SA를 구분하기 위해 사용되는 index숫자 4) Sequence number: 재생공격을 방지하기 위해 순차적으로 증가되는 수 5) Authentication Data: SHA, keyed MD5, HMAC-MD5-96, HMAC-SHA-1-96등의 인증 data가 포함			

구분	내용

| | ESP : 데이터 무결성, 리플레이 방지, 비밀성 |

ESP : 데이터 무결성, 리플레이 방지, 비밀성

0 – 7 bit	8 – 15 bit	16 – 3 bit	24 – 31 bit
Security parameters index (SPI)			
Sequence number			
Payload data (variabl			
	Padding (0–255 bytes)		
		Pad Length	Next Header
Authentication Data (variable)			

프로토콜 구성요소

1) SPI(Security Parameters index): 적합한 SA를 인지하는데 필요한 Security Parameter index
2) Sequence number: 재생공격을 방지하기 위해 순차적으로 증가되는 수
3) Next Header: Payload Data Field에 포함되어 있는 데이터 타입(TCP, UDP)
4) Authentication Data: authentication value, AH와는 달리 authentication service가 선택되었을 경우에만 존재
5) Padding: payload data 및 뒤이은 두 필드를 정렬하는데 사용되며, encryption algorithm에 필요한 data block 경계를 설정하는데 사용
6) Pad length: Padding의 Byte size

전송유형

전송모드 : Payload만 인증/암호화, 패킷의 출발지에서 암호화하고 목적지에서 복호화 하므로 E2E보안 제공

AH	Data + AH (data + IP) + IP
ESP	ESP Auth (ESP Trailer + data + ESP header) + ESP trailer + data + ESP header + IP 암호화 : ESP trailer + data

AH는 모든 값(IP,data)를 인증 값으로 사용하고 ESP는 IP를 제외한 값을 인증값으로 사용하며 암호화는 ESP trailer와 data만을 대상으로 함.

터널모드 : 전체 IP 패킷 인증/암호화
IPSec을 탑재한 중계기가 패킷 전체를 암호화하고 중계장비의 IP주소를 덧붙임
양쪽 단말 중 하나가 G/W일 경우 (VPN)

AH	Data + IP + AH (data + IP + tunnel IP) + tunnel IP
ESP	ESP Auth (ESP Trailer + data + IP + ESP header) + ESP trailer + data + IP + ESP header + tunnel IP 암호화 : ESP trailer + data + IP

AH는 모든 데이터 (Tunnel IP,IP,data)를 인증 대상으로 하며 ESP는 IP를 포함한 ESP trailer와 data를 대상으로 인증 대상으로 인증 값을 생성하고 암호화는 IP를 포함하여 ESP trailer와 data를 대상으로 함.

3) SET

인터넷과 같은 개방형 네트워크상에서 안전하게 신용기반 지불 처리를 지원하는 보안 프로토콜로 응용 보안프로토콜이며 X.509 디지털 인증서를 사용. 지불과 주문정보에 대한 비밀성을 보장하기 위해 이중서명 사용

구분	내용
이중서명	− SET에서는 고객의 결제정보가 판매자 를 통해 해당 지급정보중계기관(이하 'PG')로 전송 − 고객의 결제정보가 판매자에게 노출될 가능성 존재 − 판매자 에 의한 결제정보의 위.변조의 가능성이 존재 − 판매자에게 결제정보를 노출시키지 않으면서도 판매자가 해당 고객의 정당성 및 구매내용의 정당성을 확인할 수 있고 PG는 판매자가 전송한 결제요청이 실제 고객이 의뢰한 전문인지를 확인할 수 있도록 하는 이중서명 기술의 도입이 필요하게 됨
기술 특징	1) 보안과 개인정보 보호 – 공개키 암호화 사용 2) 전자서명(Digital Signature)을 사용한 전문의 무결성과 인증 3) 가맹점 전자증명서(Digital Certificate)를 통한 가맹점의 적법성 확인 4) 카드소지자와 전자증명서를 통한 카드소지자 신분 확인 5) 전세계 표준 전자상거래 방법으로 호환성 뛰어남 6) 암호화 : 카드소지자 계좌번호, 카드번호, 지불정보 등 7) 상호인증 : X.509인증서 8) 부인방지, 위조불가, 재사용불가

4) Mail Security : S-MIME/PGP/PEM

구분	내용	
S/MIME	인터넷 MIME 메시지에 전자서명과 암호화 기능을 첨부한 전자우편 교환 방식. PKCS #7 서식에 따라 MIME 메시지에 대한 암호화 + 전자서명 결과물인 PKCS #7 메시지를 덧붙이게 됨.	
	서명용 메시지 다이제스트 방식	SHA-1, MD5
	암호화된 서명 방식	DSS, RSA
	세션키 분배방식	Diffie-Helman, RSA공개키방식
	세션키를 이용한 컨텐츠 암호방식	3DES, RC2/40bit
PEM (Privacy Enhanced Mail)	1) SMTP를 사용하는 기존의 전자우편 시스템의 보안상의 취약성을 보완 2) 메시지 기밀성, 무결성, 인증, 세션 키 분배	
PGP(Pretty Good Privacy)	1) 개인의 문서, 메일의 내용을 암호화하기 위해 1990년대 초 Phil Zimmerman에 의해 개발되어 전세계적으로 다양한 기종에서 실행되는 공개 소프트웨어 2) 보내고자 하는 내용을 암호 알고리즘을 이용하여 암호화 함으로서 전자우편을 엽서가 아닌 밀봉된 봉투에 넣어서 보내는 개념 3) 공개적인 검토 작업을 통해서 안전하다고 할 수 있는 알고리즘 기반 공개키암호(RSA), 대칭키암호(IDEA), 해쉬함수(MD5) 4) 파일과 메시지를 암호화하는 표준화된 방법 사용	

구분	내용		
PGP(Pretty Good Privacy)	구분	S MIME	PGP
	제작자	RSA Data Security, Inc	Phil Zimmerman
	인증서형식	x.509	PGP만의 독특한 인증서 형식
	사용알고리즘	DES, 3DES, RC2, SHA-1,RSA	IDEA, CAST, 3DES, RSA
	지원프로그램	Outlook express, Netscape, Communicator	Eudora, MS-outlook

Mime(Multipurpose Internet Mail Extension)
- 아스키(ASCII)형식이 아닌 텍스트나 화상, 음성, 영상 등 멀티미디어 데이터를 그대로 전자우편으로 송신하기 위한 간이 전자 우편 전송 프로토콜(SMTP)의 확장 규격
- ASCII이외의 텍스트나 멀티미디어 데이터는 MIME유형을 사용하여 전송되며 수신측의 응용 프로그램은 파일의 내용을 해석하기 위하여 MIME유형과 세부 유형으로 편성된 표준문서 목록을 참조
- MIME는 하이퍼텍스트 전송 규약의 일부분이며, 월드 와이드 웹(WWW) 브라우저와 WWW 서버는 MIME을 사용하여 그들이 송신하고 수신하는 전자 우편 파일을 해석

5) AAA (Authentication, Authorization, Accounting)
- 네트워크 환경에서 가입자에 대한 안전하고 신뢰성 있는 인증, 권한 검증, 과금 기능을 체계적으로 제공하는 정보 보호 기술
- 신분을 확인하는 인증(authentication), 접근·허가를 결정하는 인가(authorization), 리소스 사용정보를 수집·관리하는 계정(accounting)을 통합한 보안소프트웨어로, 3A라고도 함.

구분	내용
특징	- 고객 맞춤형 서비스 및 서비스별 정확한 과금 제공 - 고객 요구 사항에 대한 신속한 적용 - 사용자 정보 및 사용자 트래픽에 대한 보안성 확보 - 인증 사용자에 대한 보호
동작과정	① Client는 NAS를 통해 Network Access에 대한 요청을 함 ② NAS는 Client의 인증정보를 받아서 AAA Server에 전달 ③ AAA Server는 Authentication(인증)을 절차를 통해 Client에 접속여부 통지 ④ 인증후 연동된 서버와 시스템에 권한을 부여받아 원하는 기능을 수행 ⑤ 연결 설정 및 전달 기간동안 수집, 기록된 정보를 AAA 서버의 Accounting에 전달
RADIUS	- Network 서비스의 Access를 관리하기 위해 사용중인 인증 전송 프로토콜

구분	내용
RADIUS	– AAA Server와 NAS/Gateway간 인증,권한 할당,과금의 정보교환을 위한 표준 – 인증을 위한 사용자 Profile(사용자 이름, 암호)확인 – 제공할 서비스 유형을 지정하는 구성 정보 제공 – 사용자 연결을 제한할 수 있는 강제 정책 등을 관리
DIAMETER	– 무선 인터넷 및 모바일 IP 가입자에게 로밍 서비스를 제공하기 위해서 요구되는 AAA 기술 중에서 최근에 제안되고 있는 정보 보호 기술. – 기존 RADIUS 프로토콜의 한계점 극복하고, 로밍에 필요한 도메인 간 이동성, 강화된 보안성,하부 프로토콜 수용성, 서비스 확장성이 우수한 프로토콜 – 사업자간 망의 확장성을 위해 다양한 Agent를 통한 접속 지원 – TLS(Transport Layer Security) 및 IPSec 이용한 강화된 보안 기능 – 신뢰성 있는 TCP 및 SCTP(Stream Control Transmission Protocol)사용 – 전송 계층의 실패에 대한 검출 및 복구(Fail Over) 기능 제공 – 향상된 세션 관리 및 호환성 제공

구분	RADIUS	Diameter AAA
구조	Server/Client(단방향)	Peer–to–Peer(양방향)
전송계층 신뢰성	Connectionless(UDP)	Connection oriented(TCP)
Fail Over	제한적	효율적 전송계층 관리
보안	공유 비밀키	E2E보안, 전송계층(IPSec/TLS)
Proxy 분산 환경	부적합	적합(재전송 수행)

6) OTP (일회용 패스워드 One-time password)

- 주체의 신원을 증명하기 위해 한 번만 사용될 수 있는 문자의 조합
- Maximum security 제공, 동기식/비동기식 방식 제공
- 엄격한 보안이 요구되는 곳에서 사용됨
- 사전공격, 재생공격, 스니핑 등에 가장 안전한 인증 방법

종류	비동기화	동기화	
	질의응답방식	시간동기화방식	이벤트동기화방식
OTP입력값	은행에서 전달받은 질의값(임의의 난수),사용자가 직접입력	시간,자동내장	인증횟수,자동내장
장점	구조가비교적간단 동기화 불필요	사용간편 호환성높음	사용간편 호환성높음
단점	사용번거로움 인증서버관리 부하	OTP생성 매체와 시간동기화 필요	인증횟수 동기화필요

7) Kerboros

- 분산 환경에서 클라이언트와 서버간에 상호 인증 기능을 제공하며 DES 암호화 기반의 제 3자 인증 프로토콜로 그리스 신화에서 지옥의 문을 지키는 개를 뜻하는 용어로 MIT에서 개발한 인증프로토콜(authentication protocol)임 주로 클라이언트 서버 아키텍처에서 상호 인증을 하게 하며 eavesdropping과 relay attack 등의 공격을 방어하며 대칭키를 적용함
- 인증을 위해 티켓을 사용함.
- MIT에서 개발한 인증 시스템으로 사용자의 로그인을 인증한 후 그 사용자의 신원을 네트 워크에 흩어져 있는 서버 호스트에 증명
- 커버로스는 rlogin, mail, NFS 등에 다양한 보안 기능을 제공하며 서비스를 받기 위해 티켓 발급 서버로부터 발급받은 티켓을 사용해 서버로부터 인증을 받음, 분산 환경하에서 개체 인증 서비스를 제공하는 네트워크 인증 시스템

구분	내용
특징	- 공개키 암호는 전혀 사용하지 않고 관용키(대칭키) 암호 방식만을 사용 - 중앙 집중식 인증 서버 이용 - 티켓 발급 서버(Ticket Granting Server) , Trusted Third Party - TGS에서 발급받은 티켓을 이용해서 서버로부터 인증 - Version 4 : 가장 널리 사용 Version 5 : Version 4의 보안 결함을 수정
구성요소	1) KDC(Key Distribution Server) : 키 분배 서버 - 신뢰할 수 있는 제3의 기관으로서 티켓을 생성, 인증서비스를 제공 2) AS(Authentication Service) : 인증서비스 - 사용자에 대한 인증을 수행하는 KDC의 부분 서비스 3) TGS(Ticket Granting Service) : 티켓 부여 서비스 - 티켓을 부여하고 티켓을 분배하는 KDC의 부분 서비스 4) Ticket : 사용자에 대해 신원과 인증을 확인하는 토큰 5) Time Stamp : 일정시간 제한을 두어 다른 사람이 티켓을 복사하여 재 사용하는 것을 막기 위한 방법, 재생공격(Replay Attack)방지

8) LDAP Directory Service

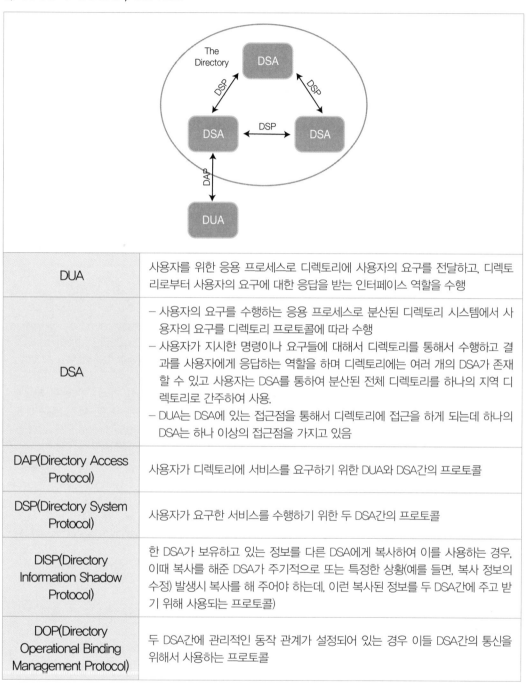

DUA	사용자를 위한 응용 프로세스로 디렉토리에 사용자의 요구를 전달하고, 디렉토리로부터 사용자의 요구에 대한 응답을 받는 인터페이스 역할을 수행
DSA	- 사용자의 요구를 수행하는 응용 프로세스로 분산된 디렉토리 시스템에서 사용자의 요구를 디렉토리 프로토콜에 따라 수행 - 사용자가 지시한 명령이나 요구들에 대해서 디렉토리를 통해서 수행하고 결과를 사용자에게 응답하는 역할을 하며 디렉토리에는 여러 개의 DSA가 존재할 수 있고 사용자는 DSA를 통하여 분산된 전체 디렉토리를 하나의 지역 디렉토리로 간주하여 사용. - DUA는 DSA에 있는 접근점을 통해서 디렉토리에 접근을 하게 되는데 하나의 DSA는 하나 이상의 접근점을 가지고 있음
DAP(Directory Access Protocol)	사용자가 디렉토리에 서비스를 요구하기 위한 DUA와 DSA간의 프로토콜
DSP(Directory System Protocol)	사용자가 요구한 서비스를 수행하기 위한 두 DSA간의 프로토콜
DISP(Directory Information Shadow Protocol)	한 DSA가 보유하고 있는 정보를 다른 DSA에게 복사하여 이를 사용하는 경우, 이때 복사를 해준 DSA가 주기적으로 또는 특정한 상황(예를 들면, 복사 정보의 수정) 발생시 복사를 해 주어야 하는데, 이런 복사된 정보를 두 DSA간에 주고 받기 위해 사용되는 프로토콜)
DOP(Directory Operational Binding Management Protocol)	두 DSA간에 관리적인 동작 관계가 설정되어 있는 경우 이들 DSA간의 통신을 위해서 사용하는 프로토콜

9) 일회용 패드

구분	내용
배경 이론	– 대체암호란 평문메시지의 각 문자 또는 비트를 다른 문자로 대체하는 암호화 알고리즘을 말하며 OTP는 매우 강력한 유형의 대체 암호화 알고리즘임 – Stream 암호란 plaintext를 character by character로 암호화(Not Block)하는 것으로 평문과 같은 길이의 수열이 있어서 이 수열과 평문을 XOR하면 결과 값이 수열의 Key Stream이 됨
일회용 패드	– OTP는 비밀 랜덤키인 PAD와 평문을 혼합(combine)하는 암호화 알고리즘으로 1917년 개발됨 – 평문의 크기와 동일한 랜덤키와 재사용이 안된다는 특징이 있으며 라틴어 평문의 경우 랜덤스트링은 0~25로 묘사되고 바이너리인 경우 0과 1들로 구성됨 – 랜덤 비트열의 키(패드)를 재사용하지 않기 때문에 일회용 패드라 함 – One time pad는 Key stream이 random sequence 일 때 지칭하며 이 암호는 unconditionally secure 즉 어떤 상황에서도 견고한 암호가 되는 것임 – key stream이 순수 ransdom이므로 한번 사용한 random key는 다시 사용하지 않게 됨

10) sRTP/SSH

구분	내용
sRTP	– SRTP 표준은 인터넷전화에서 음성과영상 트래픽을 전송하기 위하여 사용되는 RTP 패킷에 대한 암호화 기술 표준 – 양단간 통화에서 SDP메시지에 미디어 스트림의 암호화/복호화를 위한 세션 키를 전달할 수 있으며, 이를 이용해 RTP 패킷에대한 암호화 및 복호화가 가능하지만, 시스널링에 대한 보안이 안 될 경우 키에 대한 노출이 생길 수 있고, 이에 대한 불법 사용으로 인한 감청 등이 일어날수 있으므로, SRTP의 키관리 기술 표준으로 MIKEY방식이 적용 – SRTP의 경우, Encryption 방식으로Counter mode와 f8 mode 지원 방식이 있으며 SRTP(RFC3711)는 세 가지 시나리오를 제안 　1) Unicast : 일반적인 통화방식에서 적용 　2) Multicast(one sender) : One sender에 다수의 Receiver가 존재할 경우 적용 　3) Re-keying and access control : Access control의 경우나, Pure cryptographic reason 등에 의해서 발생
SSH	– SSH는 원격 컴퓨터에 안전하게 액세스하기 위한 유닉스 기반의 명령 인터페이스 및 프로토콜로서, 때로 Secure Socket Shell이라고 불리기도 함 – SSH 명령은 몇 가지 방식으로 암호화가 보장된다. 클라이언트/서버 연결의 양단은 전자 서명을 사용하여 인증되며, 패스워드는 암호화됨으로써 보호됨 – SSH는 쌍방의 접속과 인증을 위해 RSA 공개 키 암호화 기법을 사용한다. 암호화 알고리즘에는 Blowfish, DES, 및 IDEA 등이 포함되며, 기본 알고리즘은 IDEA이며 SSH2는 SSH의 최신버전으로서 새로운 표준으로서 현재 IETF에 제안되어 있음

2004년 94번

인터넷 기반 전자상거래에서 사용되는 SET(Secure Electronic Transaction)에 대한 설명 중 틀린 것은?

① SET은 전송보안 프로토콜에 의존한다.
② SET은 전자지불을 위한 보안 프로토콜 집합이다.
③ X.509v3 디지털 인증서를 사용하여 신뢰성을 제공한다.
④ 지불과 주문정보에 대한 비밀성을 보장하기 위하여 이중서명을 사용한다.

● 해설 : ①번

SET은 전송보안 프로토콜에 의존하지 않고 RSA 암호화 프로토콜 기반의 응용시스템 수준의 보안을 지원함.

● 관련지식 ●

• SET(Secure Electonic Transaction)

구분	내용
기술 개요	인터넷과 같은 개방형 네트워크상에서 안전하게 신용기반 지불 처리를 지원하는 보안 프로토콜로 Visa 등 카드사들이 주도한 de–facto standard
주요 특징	1) 개인 정보 보호에 공개키 암호화 방식 적용 2) 2중 전자서명(Dual Signature): 구매 정보(상점 소유)와 결제정보(P/G소유)를 각각 전자서명하여 보안성 강화 3) 가맹점은 전자 증명서를 통한 안정성 확보

S/MIME에서 제공하는 보안 서비스와 보안 메커니즘에 사용되는 암호 알고리즘을나타낸 것이다. 잘못 짝지어진 것은?

① 송신부인 – DSA (Digital Signature Algorithm)
② 사용자 인증 – CAST (Carlisle Adams & Stafford Tavares)
③ 메시지 기밀성 – 3DES (Data Encryption Standard)
④ 메시지 무결성 – SHA–1 (Secure Hash Algorithm)

● 해설 : ②번

    – 사용자 인증은 RSA 알고리즘을 통해 인증되며 CAST는 전자우편 암호화 등에 사용되는 관용암호화 알고리즘으로 CAST(Carlisle Adams & Stafford Tavares) –128은 64비트 평문과 64비트의 암호문 블록을 16라운드로 처리함.
    – DSA(Digital Signature Algorithm)는 비대칭형 암호화 방식으로 인산대수 문제에 대한 공용키 암호를 이용하는 전자서명방식임.

● 관련지식 ●●●

    • S–MIME(Security Services for Multipurpose Internet Mail Extension)
      – 인터넷 MIME 메시지에 전자서명과 암호화 기능을 첨부한 전자우편 교환 방식
      – PKCS #7서식에 따라 MIME 메시지에 대한 암호화 + 전자서명 결과물인 PKCS #7 메시지를 덧붙이게 됨(CA없이 운용)

기능	알고리즘
서명용 메시지 다이제스트 방식	SHA–1, MD5
암호화된 서명 방식	DSS, RSA
세션키 분배방식	Diffie–Helman, RSA공개키방식
세션키를 이용한 컨텐츠 암호방식	3DES, RC2/40bit

SSL과 TLS는 웹의 보안을 위해 설계된 기술이다. 이들에 대한 설명 중 틀린 것은?

① SSL과 TLS 대신에 IP계층 보안을 사용할 수 있다.
② 메시지 기밀성과 무결성을 위해 공개키(Public Key)를 사용한다.
③ SSL은 별도의 통신 계층으로 사용될 수도 있고, 특정 응용에 포함되어 사용될 수 있다.
④ 응용 데이터 전송과는 별도의 핸드쉐이크 프로토콜(Handshake Protocol)이 서버와 클라이언트간의 상호인증을 위해서 사용된다.

● 해설 : ②번

수신자의 공개키를 이용하여 암호화하고 수신자의 개인키로 복호화할 경우 메시지의 기밀성을 보장할 수는 있으나 무결성 보장을 위해서는 MAC(Message Authentication Code) 등의 다른 기술을 활용해야 함.

● 관련지식 ●●●

• SSL(Secure Socket Layer)/TLS(Transport Layer Security)
  SSL : 넷스케이프사에서 만든 웹 데이터 암호화를 위한 프로토콜로 응용계층과 TCP/IP계층 사이에서 동작하며 TLS는 SSL을 IETF TLS working group에서 표준화한 프로토콜

구분	내용
특징	– 응용계층의 HTTP와 TCP계층사이에서 작동 – 어플리케이션에 독립적 → HTTP제어를 통한 유연성 – 인증기능은 있으나 부인방지기능은 없음
보안기능	– 데이터의 암호화 – 서버인증기능 – 데이터 무결성 – 클라이언트 인증기능
프로토콜	– Handshake프로토콜 – 사용할 암호 알고리즘을 결정히고 키 분배 작업을 수행함 – Record프로토콜에 위에 위치 – PKI기반 사용자 인증 담당 – 비밀키 암호 알고리즘의 종류 및 키 설정을 할당 – Record 프로토콜 – TCP위에 위치,Handshake 프로토콜에서 결정된 비밀키 암호 알고리즘을 이용해 메시지를 암호화 – Handshake프로토콜 과정동안 결정된 블록암호 알고리즘과 비밀키를 이용하여 송/수신 자료의 암호화와 복호화를 수행함

IPSec에서 AH(Authentication Header)에서는 제공하지 않지만, ESP(Encapsulating Security Payload)에서 제공하는 보안 서비스는?

① 접근제어(Access Control)
② 비밀성(Confidentiality)
③ 비연결형 무결성(Connectionless Integrity)
④ 데이터 근원지 인증(Data Origin Authentication)

● 해설 : ②번

　　ESP는 암호화를 통해 비밀성을 보장해 줄 수 있으나 AH는 암호화가 제공되지 않음.

● 관련지식 ●●

• IPSec
　양 종단 간의 안전한 통신을 지원하기 위해 IP계층을 기반으로 하여 보안 프로토콜을 제공하는 개방 구조의 프레임 워크

구분	내용
전송(Transfer) 모드	– Payload만 인증/암호화 – 패킷의 출발지에서 암호화하고 목적지에서 복호화하므로 E2E보안 제공(경유하는 각 서버마다 설치되어야 함)
터널(tunnel)모드	– 전체 IP 패킷 인증/암호화 – IPsec을 탑재한 중계기가 패킷전체를 암호화하고 중계장비의 IP주소를 덧붙임 – 양쪽 단말 중 하나가 G/W일 경우(VPN)

SSL에서 핸드쉐이크 프로토콜이 수행되는 절차이다. 순서가 올바른 것은?

> A. 보안능력(프로토콜버전, 암호화방식 등) 협상
> B. 서버인증 또는 키교환
> C. 클라이언트 인증 또는 키교환
> D. 협상된 보안 알고리즘에 따른 메시지 교환

① A–B–C–D   ② A–C–B–D   ③ A–B–D–C   ④ A–C–D–B

● 해설 : ①번

보안능력협상, 서버인증 및 키교환, 클라이언트 인증 및 키 교환, 협상된 보안 알고리즘에 따른 메시지 교환의 과정을 거침.

● 관련지식 ●●

• SSL 프로토콜
 − Netscape사에서 만든 Web 데이터 암호화 프로토콜(대칭+비대칭+해쉬함수 사용)
 − TLS(Transport Layer Security): SSL을 IETF에서 표준화한 프로토콜

Step 1. 클라이언트와 서버는 사용할 알고리즘의 종류를 선택한다.(ClientHello,ServerHello)
Step 2. 클라이언트와 서버는 인증 및 비밀키 암호를 설정한다. (Certificate*,ServerKeyExc
 hange*, CertificateRequest*, ServerHelloDone,Certificate*,ClientKeyExchang
 e, CertificateVerify*)
Step 3. 클라이언트와 서버는 Step 1과 Step 2가 올바르게 이루어 졌는지 여부를 검증한
 다.(Client와 Server의 Finished 메시지)

Full 핸드쉐이크의 경우 새로운 세션을 맺기 위해 사용되며 Abbreviated 핸드쉐이크의 경우
이전에 생성되었던 세션을 재 사용하기 위해 사용되며 Abbreviated 핸드쉐이크는 공개키 연
산을 수행하지 않으므로 Full 핸드쉐이크에 비해 속도가 빠르다는 장점

IPSec의 패킷에 대한 설명으로 틀린 것은?

① AH(Authenticator Header)는 IP 패킷 전체에 대한 무결성을 제공한다.
② ESP Authentication 영역을 사용하면 ESP 패킷과 IP 헤더 영역까지의 무결성을 제공한다.
③ ESP(Encapsulation Security Payload)는 IP 패킷의 데이터 부분에 대한 암호화를 제공한다.
④ 터널 모드는 IPSec 전용 라우터간에 생성된 IP 터널을 이용하여 사용자 IP 패킷들에 대한
  보안을 제공한다.

● 해설 : ②번

  ESP Authentication 영역을 사용하여 ESP 패킷 영역에 대한 메시지 인증을 수행함.

● 관련지식 •••

• IPSec
  네트워크 계층(IP계층) 상에서 IP패킷 단위로 인증 및 암호화를 하는 기술

구분	내용		
전송유형	– 전송모드 : Payload만 인증/암호화, 패킷의 출발지에서 암호화하고 목적지에서 복호화 하므로 E2E보안 제공		
	AH	Data + AH (data + IP) + IP	
	ESP	ESP Auth (ESP Trailer + data + ESP header) + ESP trailer + data + ESP header + IP 암호화 : ESP trailer + data	
	– AH는 모든 값(IP,data)를 인증 값으로 사용하고 ESP는 IP를 제외한 값을 인증값으로 사용하며 암호화는 ESP trailer와 data만을 대상으로 함.		
	– 터널모드 : 전체 IP 패킷 인증/암호화 – IPSec을 탑재한 중계기가 패킷 전체를 암호화하고 중계장비의 IP주소를 덧붙임 – 양쪽 단말 중 하나가 G/W일 경우 (VPN)		
	AH	Data + IP + AH (data + IP + tunnel IP) + tunnel IP	
	ESP	ESP Auth (ESP Trailer + data + IP + ESP header) + ESP trailer + data + IP + ESP header + tunnel IP 암호화 : ESP trailer + data + IP	
	– AH는 모든 데이터 (Tunnel IP,IP,data)를 인증 대상으로 하며 ESP는 IP를 포함한 ESP trailer 와 data를 대상으로 인증 대상으로 인증 값을 생성하고 암호화는 IP를 포함하여 ESP trailer 와 data를 대상으로 함.		

SSL (Secure Socket Layer)과 관련된 설명 중 맞는 것은?

① 네트워크 계층과 전송 계층 사이에 위치하는 보안 프로토콜이다.
② 중간자 공격 (Man-in-the-middle Attack)에 대한 안전성 취약점이 존재한다.
③ SSL은 웹 브라우징 보안에 사용하기 위해 넷스케이프에 의해 개발되었다.
④ 새로운 HTTP 접속시 마다 새로운 SSL 세션이 요구된다.

● 해설 : ③번

SSL은 넷스케이프 사에서 개발하였으며 3.0 버전까지 개발된 이후 IETF에서 TLS(Transport Layer Security) 프로토콜로 표준화함.

● 관련지식 ●●●

• SSL
  - NetScape사에서 만든 Web데이터 암호화 프로토콜(대칭+비대칭+Hash함수 사용)
  - TCP와 HTTP Layer 사이에서 동작(Presentation와 Session 중간 계층)에 위치하며 어플리케이션에 독립적, HTTP제어를 통한 유연한 보안 기능, 인증기능은 있으나 부인방지기능은 없음
  - 데이터의 암호화와 무결성 보장, 서버 및 Client인증 기능

SSL HandShake Protocol	SSL Change Cipher Spec	SSL Alert Protocol	HTTP	TELNET	...
SSL Record Protocol					
TCP					
IP					

  - SSL Handshake Protocol: Secret key암호 알고리즘의 종류 및 키 설정을 담당, 세션 정보 공유
  - SSL Change Cipher Spec: SSL이 주고 받는 메시지 구체적인 내용(알고리즘과 키 관련)
  - SSL Record Protocol: 단편화, 암호화, MAC,압축

IPSec의 헤더에서 재전송 공격(Replay Attack)을 방어하기 위한 목적으로 사용되는 필드는 무엇인가?

① 보안 매개변수 색인(Security Parameter Index) 필드
② 순서 번호(Sequence Number) 필드
③ 다음 헤더(Next Header) 필드
④ 인증 데이터(Authentication Data) 필드

● 해설 : ②번

순서 번호는 재전송 공격을 방지하기 위해 순차적으로 증가하는 필드임.

● 관련지식 ●●●

• IPSec Header
가) AH(Authentication Header): IP 패킷이 정당하다는 인증에 사용되는 헤더

0 – 7 bit	8 – 15 bit	16 – 23 bit	24 – 31 bit
Next header	Payload length	RESERVED	
Security parameters index (SPI)			
Sequence number			
Authentication data (variable)			

나) ESP(Encapsulating Security Payload): IP 패킷의 암호화 목적의 헤더

0 – 7 bit	8 – 15 bit	16 – 23 bit	24 – 31 bit
Security parameters index (SPI)			
Sequence number			
Payload data (variable)			
	Padding (0–255 bytes)		
		Pad Length	Next Header
Authentication Data (variable)			

– SPI(Security Parameters index) : 적합한 SA를 인지하는데 필요한 Security Parameter index

- Sequence number : 재생공격을 방지하기 위해 순차적으로 증가되는 수
- Padding : payload data 및 뒤이은 두 필드를 정렬하는데 사용되며, encryption algorithm 에 필요한 data block 경계를 설정하는데 사용, Pad length: Padding의 Byte size, Next Header: Payload Data Field에 포함되어 있는 데이터 타입 (TCP, UDP), Authentication Data: authentication value, AH와는 달리 authentication service가 선택되었을 경우에만 존재

다음은 응용서비스와 보안 프로토콜을 연결한 것이다. 잘못 연결된 것은?

① 웹보안 : SSL 　　　　　② 가상 사설망 : IPSec
③ 침입 탐지 시스템 : Kerberos　④ 전자우편 보안 : S/MIME

● 해설 : ③번

　Kerberos는 IDS(침입탐지시스템)의 종류가 아니라 MIT에서 개발한 인증 프로토콜임.

● 관련지식 •••

• 보안 프로토콜
  – Kerberos 는 그리스 신화에서 지옥의 문을 지키는 개를 뜻하는 용어로 MIT에서 개발한 인증프
    로토콜(authentification protocol)임 주로 클라이언트 서버 아키텍처에서 상호 인증을 하게 하며
    eavesdropping과 relay attack 등의 공격을 방어하며 대칭키 및 공개키 암호화방식을 적용함.
  – 집중화된 서버를 사용하여 클라이언트가 자신의 정보와 서버정보를 가지고 인증 시스템으로
    부터 서버에 접속하기 위한 증명서를 받고 증명서를 서버에 주어 클라이언트가 사용할 수 있
    는지 확인하며 증명서도 암호화 되기 때문에 서버와 인증 시스템은 미리 이를 해독 위한 키
    를 가지고 있어야 함.

구분		내용
Application	S/MIME	Multipurpose internet mail extension : 전자우편 메시지는 아스키 문자열로 전달되기 때문에 자바의 에플릿 등의 base64 라고 하는 바이너리 인코딩을 통해 전달되며 MIME 형태의 메시지로 전달됨. MIME은 암호화와 메시지메 대한 전자서명 등을 이용한 S/MIME로 변환하여 전송하게하는 e—Mail 보안 프로토콜
	PGP	Pretty good privacy : 전자우편용 보안프로토콜의 종류
	SSH	Secure shell : 유닉스 계열에서 remote 접속시 사용하는 프로토콜
Transport	SSL	TCP와 응용계층간에 위치하여 응용계층 메시지를 암호화하는 transport 계층에서의 보안프로토콜로 넷스케이프사에서 웹트래픽 보안 목적으로 개발되었으며 압축,메시지 다이제스트,암호화를 수행
	TLS	프로토콜 동작과 계층구조는 SSL 3.0과 유사
Network	IPSEC	– IP 계층의 데이터 변조 및 노출 방어 – AH(Authentification Header):IP 패킷 전체에 대한 MD5나 SHA—1 값의 결과를 AH헤더에 함께 전송함으로써 패킷의 무결성을 제공하는 방식으로 패킷자체는 암호화 하지 않음 – ESP(encapsulating security payload) : IP 데이터 부분의 암호화 제공

무선 인터넷에서 기밀성,무결성, 인증 및 부인봉쇄 기능을 제공하는 WTLS(Wireless Transport Layer Security)의 구성요소(프로토콜)에 해당하지 <u>않는</u> 것은?

① Wireless Session Protocol
② Handshake Protocol
③ Change Ciper Spec Protocol
④ Record Protocol

● 해설 : ①번

WTLS나 TLS는 Record, Handshake, Chnge ciper, Alert 프로토콜로 구성됨.

● 관련지식 •••

• WTLS
 – WTLS(Wireless Transport Layer Security)는 IETF의 유선의 TLS 프로토콜을 기반으로 무선환경에 적합하도록 개발된 보안 프로토콜이며 UDP/IP를 적용하며 단말의 성능을 고려하여 관련 파라미터의 길이 축소

 – WTLS는 크게 레코드 프로토콜과 레코드 계층의 보안을 위해 보안 파라미터에 대한 상호 인증이나 보안파라미터와 관련된 핸드쉐이크,경고,암호규격변경 프로토콜이 존재함.

HandShake Protocol	Change Cipher Spec	Alert Protocol	HTTP	TELNET	…
Record Protocol					
TCP					
IP					

일회용 패드(One time Pad)에 대한 설명 중 틀린 것은?

① 평문과 랜덤(Random)한 비트열과의 XOR만을 취하는 단순한 암호기법이다.
② 과거에 사용한 랜덤함 비트열의 키를 재사용할 수 있어 실용적이다.
③ 일회용 패드가 해독 불가능하다는 것은 Shannon에 의해 수학적으로 증명되었다.
④ 일회용 패드의 아이디어는 스트림 암호에 활용되고 있으며 의사 난수 생성기 등을 사용하여 강력한 암호를 구축할 수 있다.

● 해설 : ②번

OTP의 key stream은 random하며 한번 사용한 random key는 다시 사용하지 않음.

● 관련지식 ●●●

• 일회용 패드
  – 대체암호란 평문메시지의 각 문자 또는 비트를 다른 문자로 대체하는 암호화 알고리즘을 말하며 OTP는 매우 강력한 유형의 대체 암호화 알고리즘

  – OTP는 비밀 랜덤키인 PAD와 평문을 혼합(combine)하는 암호화 알고리즘으로 1917년 개발됨
  – 평문의 크기와 동일한 랜덤키와 재사용이 안된다는 특징이 있으며 라틴어 평문의 경우 랜덤 스트링은 0~25로 묘사되고 바이너리인 경우 0과 1들로 구성되며 랜덤 비트열의 키(패드)를 재사용하지 않기 때문에 일회용 패드라고 함.

  – Stream 암호란 plaintext를 character by character로 암호화(Not Block)하는 것으로 평문과 같은 길이의 수열이 있어서 이 수열과 평문을 XOR하면 결과 값이 수열의 Key Stream이 됨.
  – One time pad는 Key stream이 random sequence 일 때 지칭하며 이 암호는 unconditionally secure 즉 어떤 상황에서도 견고한 암호가 되는 것임.
  key stream이 순수 ransdom이므로 한번 사용한 random key는 다시 사용하지 않음.

SSL(Secure Socket layer)이 제공하는 기능을 바르게 설명한 것은?

	클라이언트와 서버간의 메시지 암호화	서버를 인증하기	클라이언트를 인증하기
①	X	O	X
②	X	O	O
③	O	X	O
④	O	O	O

(O : 제공, X : 제공하지 않음)

● 해설 : ④번

SSL은 서버와 클라이언트 인증과 클라이언트와 서버간의 메시지를 암호화 기능을 모두 제공함.

● 관련지식 ••

SSL은 특히 네트워크 레이어의 암호화 방식이기 때문에 HTTP 뿐만 아니라 NNTP, FTP등에도 사용할 수 있는 장점이 있으며 Authentication, Encryption, Integrity를 보장함.

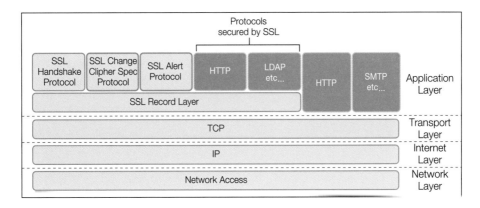

단계	주요 내용	Client	Server
1단계	프로토콜 버전,세션ID,ciper suite,압축 방법 공유	Client Hello	Server Hello

단계	주요 내용	Client	Server
2단계	서버 인증과 클라이언트 인증 요청(optional)		Certificate Certificate Request ServerHelloDone
3단계	클라이언트 인증 회신(optional)	Certificate CertificateVerify	
4단계	CiperSuite를 교환하고 Handshake를 종료함	ChangeCiperSpec Finished	ChangeCiperSpec Finished

2010년 108번

One Time Password에 대한 설명 중 옳은 것을 모두 고르시오.

> a. 일회용 패스워드이다.
> b. 재연(Replay) 공격에 취약하다.
> c. 암호가 도청될 시 문제가 된다.
> d. 인증을 하는 두 호스트가 같은 패스워드 목록을 공유해야 한다.

① a, b   ② a, d
③ b, c   ④ c, d

● 해설 : ②번

재연공격이나 암호화 도청 시 문제 발생이 되지 않도록 고안된 보안시스템이 일회용 암호시스템인 OTP임.

● 관련지식 ●●●

• OTP

OTP는 사용자가 인증을 받고자 할 때 매번 새로운 패스워드를 사용해야만 하는 보안 시스템으로 패스워드를 MD4 또는 MD5 해싱 알고리즘을 사용하여 생성하게 됨.

구분	내용
Challenge-Response 방식	- user가 login하면, server는 Challenge message를 보냄 - user는 PIN(Personal Identification Number)와 Challenge 를 이용하여, OTP를 생성하여 Response를 함 - 서버는 동일한 Challenge와 등록된 사용자의 정보을 이용해 OTP를 생성한 후 user의 Response와 비교하여 사용자 인증을 해주는 방식임
Time-Synchronous 방식	- 난수생성 알고리즘은 관리가가 정한 시간(t)마다 64bit의 비밀키가 생성 - 각각의 사용자에게는 특정키가 할당되어지고, 지능형 토큰과 인증서버 데이터 베이스에 이것들이 저장 - 사용자가 login을 할때 PIN과 6개의 숫자로 된 난수를 전달하면 난수는 토큰안에 저장되어 있던 비밀키와 t를 초기값으로 하여 토큰안의 알고리즘을 통해 생성 - 생성된 10개의 숫자가 서버로 가면 서버는 PIN을 인덱스로 하여 해당 비밀키를 찾고, 생성된 6개의 랜덤 숫자들을 수신 것과 일치하는 지를 확인

다음에서 서술하고 있는 보안 프로토콜은 무엇인가?

● 클라이언트가 서버를 신뢰할 수 없는 상황에서 사용할 수 있는 프로토콜이다.
● 사용자는 비밀 정보를 서버에게 노출하지 않으면서 비밀정보를 알고 있다는 사실을 서버에게 확산시킴으로써 인증 받는 방식이다.
● 임의의 높은 확률로 비밀을 알고 있다는 사실을 입증하는 확률적인 과정이 존재한다.

① 영 지식(Zero-Knowledge) 증명
② 시도-응답 (Challenge-Response) 방식
③ 일회용 패스워드 방식
④ PFS(Perfect Forward Secrecy)

● 해설 : ①번

자신의 비밀에 대한 정보를 전혀 노출하지 않은 상태에서 자신을 입증하는 보안 프로토콜을 영지식 증명이라 함.

● 관련지식 ●●

• 영 지식 방식
 – 공개키를 이용한 암호 방식은 선택 암호문 공격과 디지털 서명 프로토콜은 선택 메세지 공격에 안전하지 못하기 때문에 이에 대한 해결 방안으로 영지식을 이용한 응용프로토콜이 대두되었음.
 – 영지식은 안전성을 제공하기는 하나 영지식을 이용한 안전한 응용 프로토콜은 아직 계산량 및 통신량에 있어서 문제점이 있음

 – 영지식증명(ZKP)은 Fiege, Fiat, Shamir가 발표하였으며 Fiege-Fiat-Shamir 프로토콜로 알려 져 있으며 자신의 비밀에 대한 정보를 전혀 노출하지 않은 상태로 자신을 인증 하는 것

IPSec(Internet Protocol Security) 내의 프로토콜에 대한 설명이다. 가장 적절하지 <u>않은</u> 것은?

① IP AH(Authentication Header)는 데이터 기밀성, 데이터 무결성, 재연(Replay) 공격 보호 등을 제공한다.
② IP ESP(Encapsulation Security Payload)는 데이터 기밀성, 데이터 원본 인증, 데이터 무결성, 재연(Replay) 공격 보호 등을 제공한다.
③ IKE(internet Key Exchange)는 IPSec의 통신개체 사이에서 SA(Security Association)를 설정하기 위해 공유된 비밀키와 인증키를 설정한다.
④ ISAKMP(Internet Security Association and Key management Protocol)은 보안 협상과 그들의 암호화 키들을 관리하기 위해서 자동적으로 설정하는 방법을 제공한다.

● 해설 : ①번

AH는 암호화를 지원하지 않기 때문에 기밀성을 보장할 수 없음.

● 관련지식 ●●●

• IPsec
접근제어, 데이터 근원 인증, UDP 프로토콜을 위한 비연결형 무결성, 재전송 되는 패킷의 탐지와거부, 데이터의 기밀성 제공 위한 암호화

1) IPsec AH(인증헤더) 프로토콜 : 데이터근원인증, 비연결형 무결성 제공
2) IPsec ESP(캡슐화 보안 페이로드) : 데이터기밀성, 비연결형무결성, 데이터 근원인증, 재전송공격 방지제공
3) IKE 프로토콜 : 암호 알고리즘 선택협상, 키분배

S03. 보안 알고리즘

시험출제 요약정리

1) 키 알고리즘

구분	비밀키 (대칭키)	공개키 (비대칭키)
특징	동일한 키를 송수신자가 가지고 있는 방식으로 속도는 빠르나 키분배의 어려움($N*(N-1)/2$)	비대칭키는 속도는 느리나 키분배가 용이하며 PKI를 사용(2N)
알고리즘	DES-AES(미국), IDEA(유럽), FEAL(일본), SEED(한국),RC4,RC5	RSA/RABIN(소인수분해),Schnorr/KCDSA/Diffie-Hellman/Elgamal(이산대수), McElice(대수적 코딩론), ECC(타원곡선)
키의 관계	암호키와 복호키가 동일	암호키와 복호키가 다름
키의 수	송수신자 간 한 개의 비밀키 공유	공개키는 공개하고 비밀키 만 안전하게 유지하는 방식
키의 종류	Secret key	Private, Public Key
속도	빠름	느림
인증기능	없음	제공
용도	개인파일 암호화	다수의 정보교환

2) 암호화 모드(cryptographic mode)

구분	내용
ECB	- 평문의 트래픽이 암호화 되고 짧은 메시지 암호화 - ECB(Electronic CodeBook) 모드는 동일 블록은 동일 암호문으로 암호화된다는 문제점을 극복할 수 있는 모드는 아니다. 보다 정확하게 말하면 ECB 모드는 암호화 모드를 사용하지 않는 모드이며, 피드백을 사용하지 않고, 각 블록을 독립적으로 암호화하는 모드
CBC	- 전송 중 에러가 발생할 경우 현재 블록과 다음 블록에 영향을 미치며 파일암호나 MAC에 사용되고 CBC(Cipher Block Chaining) 모드는 이전 블록의 암호문을 현재 평문 블록을 암호화 시 사용하는 모드이며 같은 평문 블록들도 서로 다른 암호문 블록으로 암호화

구분	내용
CFB	- 전송 중 에러가 발생할 경우 모든 블록에 영향을 미침 - CFB(Ciphertext Feedback) 모드는 앞서 살펴본 자체 동기화 스트림 암호방식을 이용하는 암호화 모드이고, 블록보다 작은 단위로 암호화가 가능하며, 복호화 연산 없이 암호화 연산과 XOR 연산만 사용함
OFB	- 전송중 에러가 발생해도 다른 블록에 영향을 미치지 않음 - OFB(Output Feedback) 모드는 CFB 모드와 마찬가지로 암호화 연산만 사용

3) 대칭키 알고리즘

구분	내용
DES	- DES(Data Encryption Standard) 정의 – 56Bit의 키를 이용하여 64Bit의 평문 블록을 64Bit의 암호문 블록으로 만드는 블록 암호 방식의 1997년까지 미국 표준으로사용, 대칭키 방식으로 암호화와 복호화에 동일 키 사용 - 키 길이가 (56Bit) 짧아 key search machine에 의한 Brute force attack 가능
AES	- AES(Advanced Encryption Standard) : 안전한 암호화를 위해 고안된 국제 표준 암호화 기법, 민간 공모를 통해 벨기에의 Rijindael 알고리즘이 2000년10월 최종 AES로 선정됨 (Rijndeal) - 컴퓨터의 발전 속도에 비추어 향후 20~30년간 이용 가능한 수준, Non–Feistal 구조로 SPN 구조, 128 비트 크기 입출력 블록, 128/192/256 비트의 가변크기 키길이 제공 10/12/14 라운드

4) 비대칭키 알고리즘

구분	내용
RSA	- RSA(Rivest,Shamir,Adleman) - 1977년 3명의 MIT(Rivest, Sharmir, Adleman)가 만들었으며 소인수의 곱을 인수분해를 이용해 암호문과 암호키를 생성하는 방식 - 안전성과 신뢰성은 높으나 곱셈과 인수분해 연산으로 인해 수행시간이 상대적으로 긴 것이 단점이며 국내 금융거래 등에서 전자서명에 사용, Rabin 도 소인수 분해 어려움에 기반함
ECC	- ECC (elliptic curve cryptosystem) - 1985년 Miller와 Koblitz에 의해서 제안, 타원곡선 이산대수 문제를 기반으로 하는 공개키 알고리즘 - 타원곡선 이산대수 문제는 인수분해문제나 유한체의 이산대수 문제에 비해 효과적인 공격방법이 현재까지 발견되지 않음 - 같은 정도의 안전성을 가지면서 다른 공개키 암호에 비해 짧은 키 사용 - 연산속도 빠르고 무선 인터넷, 스마트 카드 등 제안된 환경에 적합

5) 해시 알고리즘

구분	내용
SHA-1	− 서명문 생성을 위한 해쉬알고리즘 − 현재 발표된 SHA-1 해쉬 알고리즘은 많은 인터넷 보안 프로토콜과 공개키 인증서에도 적용되고 있는 매우 중요한 암호 알고리즘이다. SHA-1 해쉬 알고리즘이 대표적인 인터넷 보안 프로토콜인 IPSec, 안전한 전자메일 보안 표준인 SMIME, 단대단 보안을 제공하는 TSL, 그리고 인증서 기반의 많은 보안 프로토콜에서 암호 프리미티브로 사용됨 − 해시함수는 일방향성, 충돌 회피성(역으로 계산 불가), 가변적 입력/고정 출력 지원

구분	내용		
MD5	− 암호화 알고리즘이 아닌 데이터 무결성을 점검하는데 사용되는 알고리즘 − 미국 MIT 의 로널드 리베스트 교수가 개발 − RFC 1321 에 등록 되어 있음 − 충돌 회피성에서 문제점이 있다는 분석이 있으므로 기존의 응용과의 호환으로만 사용하고 더 이상 사용하지 않도록 하고 있음		

구조	MD5	SHA-1
다이제스트 길이	128 비트	160 비트
처리의 기본단위	512 비트	512 비트
처리 단계수	64(16*4)	80(20*4)

6) 한국형 암호화 알고리즘

구분	내용
SEED	− SEED는 전자상거래, 금융, 무선통신 등에서 전송되는 개인정보와 같은 중요한 정보를 보호하기 위해 1999년 2월 한국인터넷진흥원과 국내 암호전문가들이 순수 국내기술로 개발한 128 비트 블록 암호 알고리즘 − 1999년에는 128비트 키를 지원하는 SEED 128을 개발하였으며, 암호 알고리즘 활용성 강화를 위해 2009년 256 비트 키를 지원하는 SEED 256을 개발 (기본구조는 페이스털 구조임) − 한국 정보보호센터 (Korea Information Security Agency)의 주도로 개발 − 128 비트의 대칭형 키 블럭 암호 알고리즘,안정성, 신뢰성 우수하며 3-DES보다 처리속도 고속, ISO/IEC 국제 표준화 회의에서 국제표준 선정에 필요한 최종 심의단계를 통과 (사실상 국제표준 채택) − 데이터 처리 단위 : 8,16,32 비트 모두 가능 − 암 복호화 방식 : 블록 암호 방식 − 입력키의 크기 : 128bit, 입출력문의 크기 : 128 bit , 256 bit − 효율성 : 암 복호화 속도는 3DES 이상 − 내부 함수 : 기본구조는 Feistal 구조이고 내부함수는 SPN 구조이며 − 키 생성 알고리즘 : 알고리즘의 라운드 동작과 동시에 암 복호화 라운드 키가 생성

구분	내용
ARIA	– ARIA (Academy, Research Institute, Agency) – ARIA는 경량 환경 및 하드웨어에서의 효율성 향상을 위해 개발되었으며, ARIA가 사용하는 대부분의 연산은 XOR과 같은 단순한 바이트 단위 연산으로 구성되어 있음 ARIA라는 이름은 Academy(학계), Research Institute(연구소), Agency(정부 기관)의 첫 글자들을 딴 것으로, ARIA 개발에 참여한 학·연·관의 공동 노력을 표현하고 경량 환경 및 하드웨어 구현을 위해 최적화된, Involutional SPN 구조를 갖는 범용 블록 암호 알고리즘이며 지난 2004년에 국가표준기본법에 의거, 국가표준(KS) 지정 – ARIA가 Seed에 비해 2배 정도 속도가 빠름 (Source : TTA) – 미국 AES 의 SPN 알고리즘 수용 : I-SPN – 이산 대수 방식의 전자 서명 알고리즘 – 블록 크기 : 128비트 – 키 크기 128 , 192, 256 비트 (AES 와 동일 규격) – 전체 구조 : Involutional Substitution-Permutation Network – 라운드 수 : 12 , 14, 16 (키 크기에 따라 결정 됨)

기출문제 풀이

2008년 95번

다음 RSA(Rivest, Shamir, Adleman) 암호알고리즘에 대한 설명 중 **틀린 것은?** (2개 선택)

① 국내 금융거래 등에서 전자서명에 사용된다.
② 518 비트, 768 비트, 1024 비트의 키를 사용할 수 있다.
③ 안전성은 이산대수 문제의 어려움에 근거를 두고 있다.
④ 대칭키 암호알고리즘의 하나이다.

● 해설 : ③, ④번

RSA 는 소인수 분해를 이용해 암호문과 암호키를 생성하며 대표적 공개키 알고리즘임.

● 관련지식 ●●

- RSA
  - 1977년 3명의 MIT(Rivest, Sharmir, Adleman)가 만들었으며 소인수의 곱을 인수분해를 이용해 암호문과 암호키를 생성하는 방식
  - 안전성과 신뢰성은 높으나 곱셈과 인수분해 연산으로 인해 수행시간이 상대적으로 긴 것이 단점

해시(Hash) 함수의 요구 조건으로 맞는 것은?

① 해시 함수는 역으로 계산이 가능해야 한다.
② 해시 함수는 가변적인 크기의 출력을 만든다.
③ 해시 함수는 강력한 충돌 회피성이 제공되어야 한다.
④ 해시 함수는 고정 크기의 데이터 블록에만 적용된다.

● 해설 : ③번

해시 함수는 역으로 계산이 불가능하고, 고정 크기의 출력이 생성되며 강력한 충돌 회피성이
보장되어야 함.

● 관련지식 •••

• 해쉬 함수
임의 길이의 입력을 받아 고정된 짧은 길이의 출력을 생성하는 함수

구분	내용
계산의 용이성	x가 주어지면 H(x)는 계산하기 쉬워야 함
일방향성 (one-wayness)	입력을 모르는 해쉬값 y가 주어졌을 때 H(x')=y를 만족하는 x를 찾는 것은 계산적으로 어려워야 함
약한 충돌 회피성 (weak collision-resistance)	x가 주어졌을 때 H(x') = H(x)인 x'(≠x)을 찾는 것은 계산적으로 어려움
강한 충돌 회피성 (strong collision-resistance)	H(x') = H(x)인 서로 다른 임의의 두 입력 x와 x'을 찾는 것은 계산적으로 어려움

대칭키 알고리즘과 공개키 알고리즘의 차이에 대한 아래 설명 중 **틀린 것은?**

① 대칭키 알고리즘은 공개키 알고리즘에 비하여 계산 속도가 빠르다.
② 대칭키 알고리즘은 통신의 참여자들이 동일한 키를 공유하고 있어야 한다.
③ 공개키 알고리즘은 통신의 참여자들이 동일한 키를 공유하지 않아도 된다.
④ 공개키 알고리즘은 메시지에 대한 기밀성을 제공하지만, 대칭키 알고리즘은 그렇지 못하다.

● 해설 : ④번

　대칭키, 공개키 모두 기밀성을 제공함.

● 관련지식 •••

구분	비밀키 (대칭키)	공개키 (비대칭키)
특징	동일한 키를 송수신자가 가지고 있는 방식으로 속도는 빠르나 키분배의 어려움 (N*(N−1)/2)	비대칭키는 속도는 느리나 키분배가 용이하며 PKI를 사용(2N)
알고리즘	DES−AES(미국), IDEA(유럽), FEAL(일본), SEED(한국),RC4,RC5	RSA/RABIN(소인수분해),Schnorr/KCDSA/ Diffie−Hellman/Elgamal(이산대수), McElice(대수적 코딩론), ECC(타원곡선)
키의 관계	암호키와 복호키가 동일	암호키와 복호키가 다름
키의 수	송수신자 간 한 개의 비밀키 공유	공개키는 공개하고 비밀키 만 안전하게 유지하는 방식
키의 종류	Secret key	Private, Public Key
속도	빠름	느림
인증기능	없음	제공
용도	개인파일 암호화	다수의 정보교환

다음은 보안에서 사용되는 대표적인 알고리즘이다. 잘못 연결된 것은?

① 해쉬 알고리즘 : SHA-1
② 대칭키 암호 알고리즘 : AES
③ 공개키 암호 알고리즘 : RSA
④ 전자서명 알고리즘 : RC4

● 해설 : ④번

전자서명 알고리즘에는 공개키인 RSA가 활용되며 대칭키 방식인 RC4는 적용되지 않음.

● 관련지식 •••

• 해시 알고리즘

구분	내용
해쉬알고리즘	SHA-1,MD5
대칭키 암호알고리즘 (암호화키=복호화키)	DES,3DES,AES,SEED,RC4 (빠른 속도, 키관리 어려움)
비대칭키(공개키) 암호알고리즘	소인수분해 : RSA,Rabin 이산대수 : ElGamal,KCDSA,ECC,Diffie-Hellman
전자서명 알고리즘	− HMAC(Hashed Message Authentification Code):부인봉쇄와 전송중 메시지 무결성 중 무결성만을 보장하는 디지털서명 알고리즘으로 메시지 다이제스트 생성 알고리즘인 MD5와 SHA-1과 통합 가능 − 이 밖에 DSA(Digital signature algorithm), RSA (Rivest,Shamir,Adleman), ECDSA(Elliptic Curve DSA가 있음

다음 데이터 비트열 '1010'을 해밍코드(hamming code)로 작성하고자 한다. 이를 짝수 패러티
계산을 적용하여 해밍코드를 구현했을 때 바르게 작성된 것을 고르시오.

① 1010010
② 1011010
③ 1010000
④ 1010011

● 해설 : ①, ②번

좌측 배치 또는 우측 배치 방식에 따라 2개 해밍코드가 생성될 수 있음.

● 관련지식 ●●●

• 해밍코드
  우선 패러티의 숫자를 몇 개로 할지 정한 후 좌측 배치과 우측 배치를 통해 해밍코드를 구현함
  패러티의 수는 다음 공식을 만족하는 p를 구하여 결정

  > 2(P승))= P + M + 1   (P : parity 수, M : 데이터 비트)

  1010 은 데이터 비트 수가 4 이므로 P+5가 2의 p 승을 넘지 않는 최적 값은 3임 (2의 3승은 8
  이고 3+4+1은 8이므로 동일 값으로 조건 식 만족)
  짝수 패러티로 검증할 P1(2의 0승),P2(2의 1승),P4(2의 2승)를 검증하기 위한 값을 진리표에서
  선택

	P1 (=1)	P2 (=2)	P3 (=4)
1	1	0	0
2	0	1	0
3	1	1	0
4	0	0	1
5	1	0	1
6	0	1	1
7	1	1	1

- P1은 1,3,5,7 값으로 해밍코드 생성 및 검증
- P2는 2,3,6,7 값으로 해밍코드 생성 및 검증
- P4는 4,5,6,7 값으로 해밍코드 생성 및 검증
- Solution 1〉 좌측 배치(짝수 패러티 XOR)

1	2	3	4	5	6	7	XOR	값
P1	P2	1	P4	0	1	0		
P1		1		0		0	1	P1=1
	P2	1			1	0	0	P2=0
			P4	0	1	0	1	P4=1

따라서 해밍코드는 1011010 (2이 답)

Solution 2〉 우측 배치(짝수 패러티 XOR)

7	6	5	4	3	2	1	XOR	값
1	0	1	P4	0	P2	P1		
1		1		0		P1	0	P1=0
1	0			0	P2		1	P2=1
1	0	1	P4				0	P4=0

따라서 해밍코드는 1010010 (1이 답)

- 만약 좌측 배치의 사례에서 데이터 값이 있는 5번 값이 왜곡되어 1로 표현되었을 때 이를 찾아 보정하는 방법

값은 1011110

1	2	3	4	5	6	7	XOR
P1	P2	1	P4	1	1	0	
1		1		1		0	1
	0	1			1	0	0
			1	1	1	0	1

- 5번 값으로 인해 P1의 검증값과 P4의 검증값에서 모두 1이 나왔음.
- XOR 값 101을 통해 2의2승과 2의0승의 합인 5번째 자리에서 오류가 발견되었음을 추정할 수 있고 이를 0으로 보정할 수 있음.

S04. 보안 시스템

│ 시험출제 요약정리 │

1) Firewall

접근제어, 식별인증, 무결성, 감사추적, NAT, 암호, 프록시 기능(클라이언트의 서비스 요청을 받아 보안정책을 수행하는 서버)

1-1) 방화벽 보안시스템의 구성형태별 분류

구분		내용
Screening Router		– 스크리닝 라우터로 연결에 대한 요청이 입력되면, IP, TCP 혹은 UDP 의 패킷 헤더를 분석 – 근원지/목적지의 주소와 포트 번호, 제어 필드의 내용을 분석하고 패킷 필터 규칙에 적용하여 계속 진입시킬 것인지 아니면 거절할 것인지를 판별함 – 연결 요청이 허가되면 이후의 모든 패킷은 연결 단절이 발생할 때까지 모두 허용
	장점	필터링 속도 빠름, 비용이 적게 소요, 보호하고자 하는 네트워크 전체 방어
	단점	패킷 필터링 규칙 구성 및 검증 어려움, 패킷내의 데이터에 대한 공격 차단 어려움, 패킷에 대한 기록(log)을 관리 하기 어려움, 네트워크 계층과 트랜스포트 계층에 입각한 트래픽만 방어 가능
Dual-Homed Gateway		– 하나의 네트워크 인터페이스는 인터넷 등 외부 네트워크에 연결되며, 다른 하나의 네트워크 – 인터페이스는 내부 네트워크에 연결되는 Bastion 호스트 – 스크리닝 라우터 방식과는 달리 라우팅 기능은 존재하지 않음 – 외부 네트워크에서 내부 네트워크로 진입하기 위해서는 Dual-Homed 게이트웨이를 통과하며 허용된 패킷만을 통과시킴
	장점	응용 서비스 종류에 보다 종속적이기 때문에 스크리닝 라우터 보다 안전함, 각종 기록(log)을 생성 및 관리하기 쉬움, 설치 및 유지보수가 쉬움
	단점	제공되는 서비스가 증가할수록 proxy 소프트웨어 가격이 상승함, Bastion 호스트가 손상되면 내부 네트워크를 보호할 수 없음, 로그인 정보가 누출되면 내부 네트워크를 보호할 수 없음
Screened Subnet Gateway		– 스크리닝 라우터들 사이에 응용 게이트웨이(배스천 호스트)가 위치하는 구조를 가짐 – DMZ가 구성되는 방식으로 인터넷과 내부 네트워크 사이에 Screened Subnet 이라는 완충 지역 개념의 서브넷을 운영 – Screened Subnet 에 설치된 Bastion 호스트는 proxy 서버(응용 게이트웨이)를 이용하여 명확히 진입이 허용되지 않은 모든 트래픽을 거절하는 기능을 수행

구분		내용
Screened Subnet Gateway		스크리닝 라우터 사이의 영역을 DMZ 라 부르며, 이 공간에는 홈페이지 등의 대외 서비스 시스템들을 배치
	장점	스크린 호스트 게이트웨이 방식의 장점 그대로 가짐, 다단계 방어로 매우 안전함
	단점	다른 방화벽 시스템들 보다 설치하기 어렵고, 관리하기 어려움, 방화벽 시스템 구축 소요 비용이 많음, 서비스 속도가 느림
Screened Host Gateway		− 스크리닝 라우터와 1개의 베스천 호스트로 구성되며 스크리닝 라우터에 필터링 기능 부여, 외부망으로의 접근은 보안정책에 의해 구현 − 인터넷과 같은 외부 네트워크로부터 내부 네트워크로 들어오는 패킷 트래픽을 스크리닝 라우터에서 패킷 필터 규칙에 의해 1 차로 방어 − 스크리닝 라우터를 통과한 트래픽은 Bastion 호스트에서 2 차로 점검
	장점	2 단계로 방어하기 때문에 매우 안전함, 네트워크 계층과 응용 계층에서 방어하기 때문에 공격이 어려움
	단점	해커에 의해 스크리닝 라우터의 라우팅 테이블이 변경될 수 있음, 방화벽 시스템 구축 비용이 많음
Bastion Hosts		− 내부망과 외부망의 사이에 위치하여 보안을 담당하는 호스트 − Dual-Homed Gateway 와 구성은 유사하나, 네트워크 인터페이스가 하나 존재 − Bastion 은 원래 중세 유럽의 성곽을 지키는 요새를 뜻하는 말로, 내부망 접근을 위한 여러 가지 보안 기능을 수행하는 안전한 호스트를 의미 − 스크리닝 라우터와 달리 응용계층의 보안 서비스를 제공할 수 있음
	장점	응용서비스의 종류에 종속적이므로 스크리닝 라우터보다 안전성이 높음 데이터에 대한 공격을 확실하게 방어하며 로그정보의 생성 및 관리가 용이
	단점	모든 보안 기능이 배스천 호스트에 집중되어 있으므로 배스천 호스트가 손상되면 내부 네트워크를 전혀 보호할 수 없으며 각종 로그인 정보가 누출되면 방화벽으로서의 역할이 불가능함

1-2) 방화벽 보안시스템의 적용방식

구분		내용
Packet Filtering		− 네트워크 사이에 전달되는 패킷의 헤더부분을 검사하여 접근을 통제 − 네트워크의 OSI 모델에서 네트워크계층과 전송층에서 패킷을 필터링 − Source/Destination IP Address 호스트별, 네트워크별 접근제어 − 스크린 라우터로 구성하거나 베스천 호스트와 패킷 필터링 소프트웨어를 이용하여 구현
	장점	− 처리속도가 상대적으로 빠름 − 사용자에게 투명성을 제공하며 새로운 서비스에 대해 비교적 쉽게 적용할 수 있는 유연성 − 상대적으로 구축비용이 저렴하고 기존의 응용 프로그램 수정 불필요

구분		내용
Packet Filtering	단점	– 모든 트래픽이 IP 패킷 형태로 되어 있으므로 내부시스템과 외부시스템이 직접 연결됨 – 데이터가 IP 수준에서 처리되므로 데이터의 내용에 대한 분석이 불가능함 – IP 패킷 헤더 내에 있는 소스.목적지 주소, 포트번호에 대한 정보 등은 해커에 의해 조작이 가능하여 IP 스푸핑 공격에 대응 미약 – 로깅 및 사용자 인증기능에 한계가 있음 – 한번 침입을 당하면 전체적인 보안 규칙이 취약하며 전체 네트워크에 미치는 영향이 큼 – FTP, DNS, X Protocol과 같이 복잡한 구조를 갖는 프로토콜에 대한 Rule Set 정의가 어려움
Application Proxy		– 프록시 게이트웨이 또는 응용 게이트웨이 – OSI 7계층 네트워크 모델에서 어플리케이션 계층에서 침입차단시스템의 기능을 구현한 방식으로 서비스별 프록시가 서비스 요구자의 IP 주소 및 포트를 기반으로 네트워크 접근제어를 수행 – 사용자 인증 및 기타 부가적인 서비스를 지원할 수 있음
	장점	– 내부 네트워크와 외부 네트워크 간에 직접 연결이 허용되지 않으므로 내부 네트워크 상의 시스템은 외부의 공격으로부터 보호됨 – 다른 방식의 침입차단시스템에 비해 보안성이 우수하며 일회용 패스워드 등의 강력한 인증기능을 포함 가능함 – 각 서비스별로 개별적인 접근제한을 둘 수 있음
	단점	– 성능이 상대적으로 느리며 신규 서비스를 제공하려면 새로운 프록시가 추가되어야 하므로 신규서비스에 대한 유연성이 낮음
Stateful Inspection		– Dynamic Port를 이용하는 어플리케이션에 대한 Secure Channel 제공 – 어플리케이션 특성에 따라 선행 트래픽을 기초로 하여, 예측된 트래픽에 대한 제어를 동적으로 수행 – 단순 트래픽 정보의 개념을 더욱 발전 – 어플리케이션의 섬세한 데이터를 분석하여 얻은 예상 트래픽을 위해 순간적인 좁은 통로를 동적으로 생성 – 보안상 각 패킷에 대한 내용을 검토해야 하는 경우에 프록시를 부가적으로 사용
	장점	– 프록시 필요없이 동적인 서비스 처리가 가능 – 신규서비스에 대한 대응능력이 뛰어나며 속도문제와 보안성을 동시에 추구할 수 있음
Circuit Gateway		– OSI 계층의 4계층과 5계층에 해당하는 TCP Proxy에 위치하며 SOCKS 서버와 SOCKS 클라이언트로 구성됨 – 일종의 어플리케이션 프록시 범주에 포함되며 응용계층과 무관하게 사용됨
	장점	– 단순하면서도 서비스의 유연성이 높음 – 확실한 보안기능을 제공함
	단점	– SOCK 등과 같은 서킷 프로토콜을 이용하려면 클라이언트 측의 프로그램을 수정해야 함

2) IDS/IPS

비인가자된 사용자가 자원의 무결성, 기밀성, 가용성을 저해하는 행위를 실시간으로 탐지하는 시스템

구분	내용		
IDS 유형	오용 침입탐지 (Misuse Detection)	개념	– 특정공격에 관한 기존의 축적된 지식을 바탕으로 패턴을 설정 – 패턴(시그니처)과의 비교를 통하여 일치하는 경우 불법 침입으로 간주하는 방법
		장점	– 탐지 오탐률(False Positive)이 낮음 – 전문가 시스템(추론 기반, 지식베이스) 이용 – 트로이목마, 백도어 공격 탐지 가능
		단점	– 새로운 공격탐지를 위해 지속적인 공격패턴 갱신필요 – 패턴에 없는 새로운 공격에 대해서는 탐지 불가능 – 속도 문제로 대량의 자료를 분석하는데 부적합
	이상 침입탐지 (Anomaly Detection)	개념	– 사용자의 행동양식을 분석한 후 정상적인 행동과 비교해 이상한 행동, 급격한 변화가 발견되면 불법 침입으로 탐지하는 방법 – 정량적인 분석, 통계적인 분석, 비특성 통계분석기법 사용. – 행태 관찰, Profile생성, Profile기반으로 비교(I/O사용량,로그인 횟수, 패킷량 등)
		장점	– 인공지능 알고리즘으로 스스로 판단하여 수작업의 패턴 업데이트가 거의 없음 – 알려지지 않은 새로운 공격 탐지 가능
		단점	– 오탐률(False Positive)이 높음 – 정상과 비정상 구분을 위한 임계치 설정이 어려움
IDS 유형(위치)	1) 호스트기반 침입탐지 : 개별 호스트의 OS가 제공하는 보안감사 로그 ,시스템로그, 사용자계정 등의 정보를 이용하여 호스트에 대한 공격을 탐지하며 각 호스트의 에이전트와 에이전트를 관리하는 에이전트 매니저로 구성 2) 네트워크기반 침입탐지 : 네트워크 기반구조를 보호하는 것을 목적으로 하며 호스트 기반 IDS와 같이 호스트에 대한 공격을 탐지하거나 상세한 기록을 남길 수는 없으며 네트워크가 분할되어 있는 경우 제 기능을 발휘하지 못할 수 있음		
IPS	IPS(Intrusion Prevention System) : 침입탐지시스템과 방화벽의 조합으로 침입탐지 모듈로 패킷을 분석하고 비정상적인 패킷일 경우 차단모듈에 의해 해당 패킷을 제거하는 기능을 제공		

3) VPN

VPN은 기존 인터넷 서비스에 방화벽이나 인증장비 ,암호화 장비를 부착 ,외부 사용자 침입

을 차단함으로써 기업 전용 사설망처럼 사용한다는 개념. 네트웍 원격접속의 기본 장비인 라우터나 RAS에 보안 및 VPN 전용 Tunneling Protocol을 탑재해 운용

4) NAC (Network Access Control)

- 사용자 단말(PC,노트북 등)의 네트워크에 접근 시도시 사용자가 정당한 사용자인지, 사용자 단말은 사전에 정의해놓은 보안정책을 준수했는지 여부를 검사해 네트워크 접속을 통제하는 통합보안관리 기법
- 기업내부에 엑세스하는 모든 장비들은 포괄적으로제어하고 보안 위협으로부터 능동적으로 방어할 수 있는 네트워크 접근제어 솔루션 으로 네트워크에 접속하는 접근단말의 보안성을 강제화할 수 있는 보안 인프라

구분	내용
네트워크 접근 통제	내부 사용자 보안 수준관리,보안정책관리
자산관리	접근 가능한 인가 장비 및 사용자를 식별하기 위한 자산관리,비인가 장비 및 서비스에 대한 탐지
모니터링/제어	악성코드,유해/비정상 트래픽 탐지,제로데이 공격 방어

5) SSO/EAM/IAM

구분	내용
SSO	- SSO(Single Sign On) - 하나의 시스템에서 인증에 성공하면 등록된 모든 시스템에 대한 인증을 획득하는 방식 - 싱글 사인 온은 한번의 로그인으로 다양한 시스템 혹은 인터넷 서비스를 사용할 수 있게 해주는 보안 솔루션 - 싱글 사인 온을 사용할 경우 인증 절차를 거치지 않고도 1개의 계정만으로 다양한 시스템 및 서비스에 접속할 수 있어 사용자 편의성과 관리비용을 절감
EAM	- EAM은 가트너 그룹에서 정의한 용어로써 싱글 사인 온과 사용자의 인증을 관리하고 애플리케이션이나 데이터에 대한 사용자 접근을 결정하는 기업 내 정책을 구현하는 단일화된 메카니즘을 제공하는 솔루션 - EAM이 통합인증(SSO)과 애플리케이션의 접근권한 중심의 솔루션이라면, 여기에 보다 포괄적으로 확장된 개념이 계정관리
IAM	- IAM = SSO + EAM + Provisioning 　1) 인증(Authentication) - 통합인증(SSO), PKI, 생체인식 등 다양한 인증방법 - 모든 업무 어플리케이션에 ID 정책 + Password 정책 + 인증방법을 - 중앙에서 결정하고 적용 및 관리 　2) 권한(Authorization) - 기업의 일관된 정책을 유연성 있게 반영할 수 있는 접근권한관리체계 - 　개인의 Profile을 반영한 개인화, 효율적인 권한 위임 서비스 등

구분	내용
IAM	3) 관리(Administration) – 통합적인 Logging과 이를 이용한 감사(Audit), 레포팅 기능, Web 기반 접근 UI(User Interface), 일반화된 관리도구 4) Provisioning– 개별 시스템을 Identity가 사용할 수 있게 하는 일련의 작업인 Provisioning에 개별시스템관리자의 수행 업무를 SW를 통해 수행

6) DRM

- DRM DRM(digital right management) 기술의 정의 : 디지털 콘텐츠 및 그에 연관된 지적재산권의 관리 및 분배에 관한 기술

구분		내용	
콘텐츠 이용 형태	접속 제어 (Access Control)	인증(Authentication)에 의한 보호	
	사용 제어 (Usage Control)	Scrambling, 암호화(Encryption)에 의한 보호	
	내용 제어 (Content Control)	워터마킹(Watermarking)에 의한 보호	
구현 기술 형태	보호기술	Active	① Access Control(CAS,ACL) ② Copy Protection ③ User Control (Narrow DRM) – Authentication, Revocation – Key Encryption, Encryption – Key Management – Rights Expression – Tamper Resistance
		Passive	Copy Right Labeling Watermarking Fingerprinting
	관리기술	Content Identification	DOI
		Meta data	Contract, Rights, Indecs
	유통기술	Payment, Policy, Usage Monitoring, Rights Transaction, MPEG21	

- DRM 기술의 목적 : 디지털 콘텐츠 라이프 사이클 (콘텐츠 창작, 유통 및 소비 과정)에 관련된 모든 주체 (player)들의 권리를 보호하면서 디지털 콘텐츠의 유통을 활성화 하는 것

구분	내용
패키저 (Packager)	패키저는 보호 대상인 콘텐츠를 암호화해서 콘텐츠의 식별번호 및 메타데이터 정보와 함께 시큐어 컨테이너로 패키징하는 과정을 수행함
시큐어 컨테이너 (Secure Container)	저작권 보호대상인 원본 콘텐츠를 안전하게 유통하기 위해서 사용되는 전자적 보안장치로 다양한 콘텐츠 포맷 및 메타데이터의 효율적 관리를 위한 기능성과 여러 가지 채널 및 전송방식으로 배포될 수 있도록 배포 용이성을 보장함
콘텐츠 식별관리체계 (Identification)	디지털 콘텐츠의 식별체계는 디지털 콘텐츠로 하여금 유일한 식별자를 갖도록 하며, 콘텐츠의 유통과정에서 권리 소유자의 결정 및 권리 표현을 연계하는 등 많은 애플리케이션에서 중요한 역할을 담당함
암호화 기술(Encryption)	
메타데이터(Metadata)	
사용규칙 (Usage Rule)	– 디지털 콘텐츠에 대한 권리를 제어하기 위해서는 어떤 사용자가 어떠한 콘텐츠에 대해 어떤 권한과 조건으로 이용할 수 있는지 정의할 수 있어야 함 – 이렇게 정의된 권리가 컴퓨터에 의해서 처리될 수 있도록 기계가독형 언어로의 표현이 가능해야 한다. 사용규칙은 다양한 비즈니스 환경에 따라 권리의 정의 및 표현이 달라질 수 있는데 이를 지원하기 위해서는 권리표현의 다양성 · 확장성 · 유연성이 충분히 보장돼야 함
사용권한 정책관리 (Policy Management)	– 콘텐츠에 대한 사용권한은 콘텐츠를 배포하고 사용권한을 관리하는 도메인의 정책에 의해 결정 – 다양한 비즈니스 도메인과 모델의 지원을 위해 정책은 자유롭게 설정할 수 있어야 하며, 이를 지원할 정책관리시스템은 유연하고 확장성 있는 구조를 제공해야 함
탬퍼링 방지기술 (Tampering Resistance)	– 콘텐츠의 보안성을 높이기 위해서 우선적으로 고려해야 할 분야는 암호화 기술의 견고성과 클라이언트 프로그램의 탬퍼링 방지대책 – 소스 레벨에서 스크램블 코드를 삽입하는 방식과 운용체계에서 크래킹 시도를 탐지 · 차단하는 방식, 그리고 위장모듈을 가장한 크래킹 시도를 차단하기 위한 탬퍼 프루핑 방식 등 다양한 탬퍼링 방지기술이 적용됨
사용내역 모니터링 기술 (Usage Reporting)	– 콘텐츠가 적절하게 사용되고 있는지, 저작권이 적절하게 보호되고 있는지를 파악하기 위해서 콘텐츠 사용내역이 충분히 모니터링돼야 함 – 여기서 수집된 내역정보는 콘텐츠의 거래내역을 증명하거나 정보의 불법유통 사실이 탐지됐을 때 콘텐츠의 이동경로를 추적할 수 있는 정보로 활용됨

7) 워터마킹과 핑거프린팅

- 워터마킹(Digital Watermarking) : 저작권자(판매자) 측면에서의 고찰, 저작권자(판매자) 자신의 저작권을 증명하는기법, Fragile Watermarking(인증 용)
- 핑거프린팅(Digital Fingerprinting) : 구매자 측면에서의 고찰, 구매자의 불법유통을

검출하는 기법

구분	내용
Digital WaterMarking	− 멀티 미디어 데이터 상에 보이지 않는 디지털 형태의 신호를 삽입하여 저작권을 보호하는 기술 − 저작권 보호 기술(DOI, 워터마킹, INDECS)과 암호화 기술이 연동 되어 사용될 것임 − 생체 정보의 무결성 확인 등으로 인증시스템에 사용이 가능함 − 무결성, 기밀성, 부인방지, 인증 기능의 제공으로 불법복제 및 위변조 방지 효과가 큼
핑거프린팅 (Digital Fingerprinting)	− Symmetric(대칭형) 핑거프린팅 : 핑거프린팅콘텐츠를 판매자와 구매자모두접근 가능, N명의 서로다른 구매자에게 고유한 이진코드할당, 판매자가 핑거프린팅 콘텐츠를 접근할수 있기 때문에 구매자의불법 복제 콘텐츠 배포를 증명하기가 애매함 − Asymmetric(비대칭형) 핑거프린팅 : 구매자만이핑거프린팅된콘텐츠에 접근 가능, 저작권자(또는판매자)가 불법유통사실을 확인하였을 경우, 저작권자(또는판매자)는 traitor를 검출하고, 신뢰받는 제3자에게 traitor의 잘못을 증명하게 하는 기법
DOI (Digital Object Identifier)	− 컨텐츠 유료화에 따른 식별, 분배,소유권 이전 등에 대한 관리 필요 − 컨텐츠의 위치변경,시스템 주소변경과 무관한 디지털 컨텐츠의 영구 식별자에 대한 필요 − 디지털 컨텐츠의 위치의 변화에 무관하게 디지털 컨텐츠의 위치 확인을 위한 고유 영구 식별자 − Prefix와 Suffix로 나누어짐 (ex) http://www.doi.org/10.1002/ISBNJ0−471−58064−3) − 고유한 영구적 식별 기호 체계로 컨텐츠 위치 바뀌어도 그 컨텐츠의 DOI는 바뀌지 않음 − 여러 위치에서 동일 컨텐츠 접근 가능 − 기존 URL 체계에서의 바뀐 주소를 찾아주지 못하는 단점 극복
INDECS (INteroperability of Data in E−Commerce System)	− 전자상거래의 정보 교환을 위한 지적재산권 관련 메타데이터 모델 − 상이한 메타데이터 스키마의 상호 호환 및 활용 가능 − 저작물 생성, 지적재산권 획득, 실현 및 행사, 권리의 이용과 이전 과정을 기술할 수 있는 메타데이터 프레임워크

	Entity	− 식별되는 어떤 대상으로 V3C에 의해 채택된 resource을 의미함 − 4가지 View[일반적, 상업적, 지적재산권, 특수]
	Parties	− '무엇을 하는 주체인가'에 의해 정의되는 부분 − 정보처리 운영을 수행하기 위한 메타데이터
	Creation	− 실현물, 아이템, 표현물, 추상물로 구분됨 − 실현물 : 지적 소유권을 가진 표현물과 가공물 − 아이템 : 책, 디지털 영화, SW, 신문 등
	Relation	가장 중요한 구조로 엔디디긴의 관계를 표현하며, Event, Situation, Attribute로 구성됨.

8) Access Control Model

구분	내용
Bell-Lapadula(BLP)	– 군사용 보안구조의 요구사항을 충족시키기 위하여 1973년 미국 MITRE연구소에서 Bell과 Lapadula가 개발한 최초의 수학적 모델 – 정보의 불법적 파괴나 변조보다는 기밀성(Confidentiality) 유지에만 초점을 두고 있음 – 정보를 극비(Top Secret), 비밀(Secret), 미분류(Unclassified)로 분류함 – No-read-up Policy와 No-write-down Policy가 적용됨
Biba	– Biba Integrity 모델이라고도 하며, Bell-Lapadula 모델에서 불법 수정방지 내용을 추가로 정의한 무결성(Integrity) 모델임 – 낮은 비밀등급에서 높은 비밀등급으로 write를 하지 못하도록 함으로써 높은 무결성을 가진 데이터가 낮은 무결성을 가진 데이터와 합쳐져서 무결성이 오염되는 것을 방지함 – No-write-up Policy와 No-read-down Policy가 적용됨
Clack and Wilson	– 상업환경에 적합하게 개발된 불법수정 방지를 위한 보안 모델 – 금융자산의 관리, 회계 등의 분야에 주로 적용됨 1) Well-Formed Transactions – 모든 거래 사실을 기록하여 불법거래를 방지하는 자료처리 정책 2) 임무분리의 원칙(Separation of Duties) – 모든 운영과정에서 어느 한 사람만이 정보를 입력, 처리하게 하지 않고 여러 사람이 각 부문별로 나누어 처리하게 하는 정책

9) ESM

방화벽, IDS, IPS, VPN 등 여러 보안시스템으로부터 발생하는 각종 이벤트를 관리, 분석, 통보, 대응 및 보안정책을 관리하는 시스템 , 기능별, 제품별로 모듈화된 보안관리 기능의 통합 관리

구분	내용
Cross Platform Event 분석	이기종 OS 환경을 지원.통합 보안정책 관리
공격자동응답	방화벽에서 자동 통지와 보안정책 설정
중앙집중관리	중앙 집중적 보안 정책 관리 , 간편한 백업 복구
확장성	Agent를 통한 유연한 확장성

10) CCL

CCL은 자신의 창작물에 대하여 일정한 조건하에 모든 이의 자유이용을 허락하는 내용의 라이선스(License) 자유이용을 위한 최소한의 요건인 4가지 '이용방법 및 조건' 을 추출한

다음 이를 조합해서 6가지 유형의 표준 라이선스를 제공하며 기존의 저작권인 'all rights reserved' 와 완전한 정보공유인 'no right reserved' 사이에 위치하는 'some rights reserved' 로서 저작물의 자유로운 이용을 장려함과 동시에 저작권자의 권리를 보호하는 것을 목표로 함.

구분	내용
저작자표시	– 저작권법 상 저작인격권의 하나로서, 저작물의 원작품이나 그 복제물에 또는 저작물의 공표에 있어서 그의 실명 또는 이명을 표시할 권리인 성명표시권(right of paternity, 저작권법 제12조 제1항)을 행사한다는 의미 – 이용자는 저작물을 이용하려면 반드시 저작자를 표시
비영리	– 저작물의 이용을 영리를 목적으로 하지 않는 이용에 한한다는 의미 – 물론 저작권자가 자신의 저작물에 이러한 비영리 조건을 붙였어도 저작권자는 이와는 별개로 이 저작물을 이용하여 영리행위를 할 수 있음 – 영리 목적의 이용을 원하는 이용자에게는 별개의 계약으로 대가를 받고 이용을 허락
변경금지	– 저작물을 이용하여 새로운 2차적 저작물을 작성하는 것뿐만 아니라 저작물의 내용, 형식 등의 단순한 변경도 금지
동일조건변경허락	– 저작물을 이용한 2차적 저작물의 작성을 허용하되 그 2차적 저작물에 대하여는 원저작물과 동일한 내용의 라이선스를 적용하여야 한다는 의미 – 예를 들어 저작자표시–비영리 조건이 붙은 원저작물을 이용하여 새로운 2차적 저작물을 작성한 경우 그 2차적 저작물도 역시 저작자표시–비영리 조건을 붙여 이용허락 하여야 함

11) MPEG 21

- 전자상거래를 위한 컨텐츠 제작부터 서비스 방식, 소비자 보호방안까지 포괄적으로 표준을 정하는 규격
- MPEG21은 사용자의 관점에서 원하는 정보를 손쉽게 찾고, 획득한 자료를 재가공해 새로운 컨텐츠를 만들 수 있음
- 컨텐츠 제작자 또는 소유자의 관점에서 자신의 컨텐츠가 무단 복제 및 도용의 위험 없이 유통될 수 있는 환경을 제공하기 위해 열린 MEPG회의에서 처음 제안됨
- MEPG21은 전자상거래와 관련된 멀티미디어 컨텐츠의 제작부터 소비에 이르기까지 전 과정에 사용될 통합된 국제 표준

IDS(Intrusion Detection System)에 대한 설명 중 **틀린 것은?**

① IDS는 네트워크기반 IDS와 호스트기반 IDS로 나뉘어 진다.
② 오용탐지(misuse detection)기법은 알려지지 않은 침입패턴을 탐지할 수 있다.
③ 이상탐지(anomaly detection)기법은 정상적인 사용패턴과의 차이점을 통하여 침입을 탐지한다.
④ IDS는 접속하는 IP에 상관없이 침입에 대한 검사를 수행한다.

● 해설 : ②번

오용탐지(misuse detection)기법은 알려진 악성코드의 시그니쳐를 비교하여 침입패턴을 탐지함.

● 관련지식 ••

• IDS(Intrusion Detection System)
비인가된 사용자가 자원의 무결성, 기밀성, 가용성을 저해하는 행위를 실시간으로 탐지하는 시스템

구분		내용
오용 침입탐지 (Misuse Detection)	개념	− 특정공격에 관한 기존의 축적된 지식을 바탕으로 패턴을 설정 − 패턴(시그니처)과의 비교를 통하여 일치하는 경우 불법 침입으로 간주하는 방법
	장점	− 탐지 오탐률(False Positive)이 낮음 − 전문가 시스템(추론 기반, 지식베이스) 이용 − 트로이목마, 백도어 공격 탐지 가능
	단점	− 새로운 공격탐지를 위해 지속적인 공격패턴 갱신필요 − 패턴에 없는 새로운 공격에 대해서는 탐지 불가능 − 속도 문제로 대량의 자료를 분석하는데 부적합
이상 침입탐지 (Anomaly Detection)	개념	− 사용자의 행동양식을 분석한 후 정상적인 행동과 비교해 이상한 행동, 급격한 변화가 발견되면 불법 침입으로 탐지하는 방법 − 정량적인 분석, 통계적인 분석, 비특성 통계분석기법 사용. − 행태 관찰, Profile생성, Profile기반으로 비교(I/O사용량,로그인 횟수, 패킷량 등)
	장점	− 인공지능 알고리즘으로 스스로 판단하여 수작업의 패턴 업데이트가 거의 없음 − 알려지지 않은 새로운 공격 탐지 가능
	단점	− 오탐률(False Positive)이 높음 − 정상과 비정상 구분을 위한 임계치 설정이 어려움

다음 패킷 필터링 방화벽(Firewall)에 대한 설명 중 **틀린 것은?** (2개 선택)

① 패킷 필터링 방화벽은 상위 계층 데이터를 검사하기 때문에, 특정 어플리케이션마다 가지고 있는 취약점이나 기능을 이용하는 공격자를 막을 수 있다.
② 패킷 필터링 방화벽은 일반적으로 네트워크 계층 주소 스푸핑과 같은 TCP/IP 규격과 프로토콜 스택 내부의 문제점을 사용하는 공격에 취약하다.
③ 대부분의 패킷 필터링 방화벽은 진보된 사용자 인증 절차를 지원한다.
④ 방화벽이 알 수 있는 정보가 제한적이기 때문에 패킷 필터링 방화벽의 로깅(Logging) 기능은 제한적이다.

● 해설 : ①,③번

패킷 필터링 방화벽은 헤더 정보만으로 억세스하므로 어플리케이션 취약점을 검증할 수 없으며 정교한 액세스 규칙의 구현은 어려움.

● 관련지식 •

• 방화벽의 종류

구분	내용
패킷 필터링	– IP와 TCP, UDP, ICMP 등의 헤더 정보만을 이용하여 미리 설정한 엑세스 제어 규칙에 따라 해당 패킷의 통과 여부를 결정 – 속도가 빠르고 구현이 간단하며 사용자에게 투명성 보장 – 정교한 액세스 규칙의 구현은 어려움
Application Level Proxy	– 특정 응용 서비스에 대해 내부망과 외부망을 연결시켜주는 중간 매개자 역할을 수행 – 내부 네트워크를 외부에 유출시키지 않는 장점 – 응용서비스마다 Proxy가 필요함에 따라 신규서비스에 대한 취약성이 있고 다른 기술에 비해 성능 떨어짐
Circuit–Level Proxy	– 세션 계층에서 동작하며 클라이언트와 서버간 세션에 대한 매개 역할을 수행 – Circuit–level Proxy의 대표적인 구현으로는 인터넷 표준 Socks v5가 있음
Stateful Inspection	– 과거의 패킷에 대한 상태정보를 지속적으로 유지하여 현재 패킷의 통과여부를 결정

정보보안 평가기준인 CC(Common Criteria)의 보안기능 요구사항의 클래스 제목이 <u>아닌 것은?</u>

① 보안 감사(Security Audit)
② 취약성 분석(Vulnerability Analysis)
③ 암호 지원(Cryptographic Support)
④ 보안 관리(Security Management)

● 해설 : ②번

● 관련지식 ●●

　　CC는 보안기능 요구사항과 보증 요구사항 클래스로 구성됨.

　　1) CC 보안기능 요구사항 요약

클래스명	클래스 제목	설명
FAU	보안감사(Security Audit)	보안활동과 관련된 정보를 감지, 기록, 저장, 분리
FCO	통신(Communication)	데이터를 교환하는 주체의 신원을 감지
FCS	암호지원(Cryptographic Support)	암호운용 및 키 관리
FDP	사용자 데이터 보호(User Data Protection)	사용자 데이터의 보호
FIA	식별 및 인증(Identification & Authentication)	사용자의 신원확인 및 인증
FMT	보안관리(Security Management)	TSF 데이터, 보안속성, 보안기능의 관리
FPR	프라이버시(Privacy)	허가되지 않은 사용자에 의한 개인의 신원 및 정보의 도용방지
FPT	TSF 보호(Protection of Trusted Security Function)	TSF 데이터의 보호 및 관리
FRU	자원활용(Resource Utilization)	TOE의 가용자원 관리
FTA	TOE 접근(TOE Access)	TOE에 대한 사용자 세션의 보호
FTP	안전한 경로/채널(Trusted Path/Channel)	사용자와 TSF간 혹은 TSF간의 안전한 통신채널 확보

2) CC 보증요구사항 요약

클래스명	클래스 제목	설명
ACM	형상관리(Configuration Management)	TOE의 무결성이 유지되고 있는지를 확인
ADD	배포 및 운영(Delivery and Operation)	TOE의 안전한 배포, 설치, 운영에 필요한 수단, 절차 및 표준을 확인
ADV	개발(Development)	TOE 개발과정의 일치성 및 완벽함을 확인
AGD	설명서(Guidance Documents)	TOE의 안전한 운영을 위한 지침서를 확인
ALC	생명주기 지원(Life Cycle Support)	TOE의 생명주기와 관련된 사항을 확인
ATE	시험(Tests)	TOE가 기술 요구사항을 만족하는지를 확인
AVA	취약성 평가(Vulnerability Assesment)	TOE의 개발과정 중에 발견되지 않은 취약성, 사용자에 의한 오용 등 잠재적인 취약성을 확인
APE	보호 프로파일 평가(Protection Profile Evaluation)	PP가 완전하고 모순이 없으며, 기술적으로 충분함을 보임
ASE	보안목표 명세서 평가(Security Target Evaluation)	ST가 완전하고 모순이 없으며, 기술적으로 충분함을 보임
AMA	보증 유지(Maintenance of assurance)	TOE나 보안환경이 변화에도 ST를 지속적으로 만족시킴을 보임

다음 중 보안시스템에 대한 설명으로 틀린 것은?

① SSO(Single Sign On) : 하나의 시스템에서 인증에 성공하면 등록된 모든 시스템에 대한 인증을 획득하는 방식이다.
② IDS(Intrusion Detection System) : 네트워크를 통한 공격을 탐지하는 시스템으로 침입탐지, 접근권한 제어,인증 등의 기능을 제공한다.
③ IPS(Intrusion Prevention System) : 침입탐지시스템과 방화벽의 조합으로 침입탐지 모듈로 패킷을 분석하고 비정상적인 패킷일 경우 차단모듈에 의해 해당 패킷을 제거하는 기능을 제공한다.
④ DRM(Digital Right Management) : 문서 열람/편집/인쇄까지의 접근권한을 설정하여 통제하는 기능을 제공한다.

● **해설 :** ②번

IDS는 침입을 탐지하는 기능을 제공하고 접근권한제어 등의 제어기능은 제공하지 않음.

● **관련지식** ●●

- **보안시스템**
  - IDS는 각종 침입행위들을 자동으로 탐지,대응,보고하는 보안시스템으로 은행의 감시카메라와 같은 역할을 수행하나 접근권한의 제어나 인증 등의 기능은 일반적으로 없음.
  - 네트워크를 감시 및 기록하며 이상상황이 발생 시 즉시 이를 파악하고 불법 행동 패턴을 보이는 패킷을 보고하는 기능을 수행

구분	내용
탐지방법	1) 비정상 탐지모델(행위 기반) : 감시되는 정보시스템의 일반적인 행위들에 대한 프로파일을 생성하고 이를 벗어나는 행위를 분석하는 기법(과도한 대응 가능) 2) 오용탐지 모델(지식기반) : 과거의 침입행위들로부터 얻어진 지식으로부터 이와 유사하거나 동일한 행위를 분석하는 기법(오용기준의 지속적 업데이트)
탐지영역	1) 호스트기반 침입탐지 : 개별 호스트의 OS가 제공하는 보안감사로그, 시스템로그, 사용자 계정 등의 정보를 이용하여 호스트에 대한 공격을 탐지하며 각 호스트의 에이전트와 에이전트를 관리하는 에이전트 매니저로 구성 2) 네트워크기반 침입탐지 : 네트워크 기반구조를 보호하는 것을 목적으로 하며 호스트 기반 IDS와 같이 호스트에 대한 공격을 탐지하거나 상세한 기록을 남길 수는 없으며 네트워크가 분할되어 있는 경우 제 기능을 발휘하지 못할 수 있음

무선 보안에 사용되는 WEP에 대한 설명으로 가장 적절한 것은?

① "Wireless Ethernet Privacy"의 축약어이다.
② 무선환경에서 매우 안전한 프로토콜로 평가받고 있다.
③ 기본적으로 RC4 스트림 암호를 이용한다.
④ 암호화를 통한 기밀성을 제공하고 있지만 인증이나 접근 제어 기능은 없다.

● 해설 : ③번

Wired Equivalent Privacy 프로토콜은 RC4 기반의 스트림 암호로서 정보유출 가능성이 높은 약점을 가진 무선랜 보안 기술임.

● 관련지식 ●●●

1) WEP의 개요
 - 유선 동등 프라이버시(WEP, Wired Equivalent Privacy)는 무선 랜 표준을 정의하는 IEEE 802.11 규약의 일부분으로 무선 LAN 운용간의 보안을 위해 사용되는 기술임.
 - 무선 LAN은 운용간에 전파를 이용하기 때문에, 전선이나 장비에 물리적으로 접근해야만 통신 내용을 도청할 수 있는 유선 통신과는 달리 외부의 침입에 의한 정보 유출의 가능성이 높음.
 - WEP는 아직 널리 사용되고 있으며 WEP가 무선 암호화 프로토콜(Wireless Encryption Protocol)의 약자인 것으로 잘못 알고 있는 경우가 종종 있음.

2) WEP의 세부 내용
 - 1999년 9월에 비준된 IEEE 802.11 표준의 최초 버전에 포함된 WEP는 스트림 암호화 기법 인 RC4를 사용하며, CRC-32 체크섬을 통해 무결성을 확보하였음.

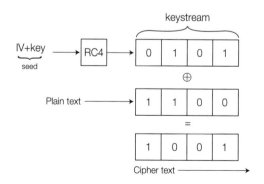

– WEP의 기본 암호화 과정: RC4 키스트림을 평문과 XOR함표준 64비트 WEP, WEP-40이라고도 도 하며 40비트 길이의 키를 사용하며, 여기에 24비트 길이의 초기화 벡터(initialization vector: IV)가 더해져 64비트의 RC4 트래픽 키가 됨.

– WEP 기술 자체의 보안 취약점 때문에 기업 등 보안을 중요시하는 곳에서는 이를 대체하는 WPA(Wi-Fi Protected Access)나 IEEE 802.11i 등의 다른 무선 LAN 보안 기술을 사용하는 것이 일반적임.

다음은 다양한 침입차단시스템(Firewall)의 장단점을 기술하였다. 가장 적절한 것을 고르시오.
(2개 선택)

① 스크리닝 라우터(Screening Router)는 네트워크 단에서 작동되므로 속도가 빠르나, 설치
및 관리가 어렵다.
② 듀얼홈드 게이트웨이(Dual Homed Gateway)는 상대적으로 설치 및 유지보수가 쉽고 응용
서비스 종류에 좀 더 종속적이므로 스크리닝 라우터보다 안전하다.
③ 스크린드 서브넷(Screened Subnet)은 다른 침입차단 시스템보다 설치 및 관리가 쉽고 속
도가 빠르다.
④ 스크린드호스트 게이트웨이(Screened Host Gateway)는 네트워크계층과 응용계층에서 방
어하기 때문에 공격이 어렵고 많이 사용되는 침입차단 시스템이다.
⑤ 배스천호스트(Bastion Host)는 내부 네트워크에 접근에 대한 로깅기능과 감사 추적 그리고
모니터링 기능을 가지고 있으나 인증기법을 제공하지 않는 것이 일반적이다.

● 해설 : ②, ④번

- 스크리닝 라우터는 필터링 속도가 빠르고 경제적이며 비교적 설치 및 관리가 용이한 반면 로
그관리가 어렵고 상위계층의 공격을 막을 수 없는 단점이 있음.
- 스크린드 서브넷은 설치 및 관리가 어렵고 속도도 느림.
- 배스천 호스트는 인증,로그.접근제어 기능을 제공함.

● 관련지식 ●

1) 방화벽 보안시스템의 구성형태별 분류

구분		내용
Screening Router		- 스크리닝 라우터로 연결에 대한 요청이 입력되면, IP, TCP 혹은 UDP 의 패킷 헤더를 분석 - 근원지/목적지의 주소와 포트 번호, 제어 필드의 내용을 분석하고 패킷 필터 규칙에 적용하여 계속 진입시킬 것인지 아니면 거절할 것인지를 판별함 - 연결 요청이 허가되면 이후의 모든 패킷은 연결 단절이 발생할 때까지 모두 허용
	장점	- 필터링 속도 빠름, 비용이 적게 소요, 보호하고자 하는 네트워크 전체 방어
	단점	- 패킷 필터링 규칙 구성 및 검증 어려움. 패킷내의 데이터에 대한 공격 차단 어려움 - 패킷에 대한 기록(log)을 관리 하기 어려움, 네트워크 계층과 트랜스포트 계층에 입각한 트래픽만 방어 가능

구분	내용	
Dual-Homed Gateway	– 하나의 네트워크 인터페이스는 인터넷 등 외부 네트워크에 연결되며, 다른 하나의 네트워크 – 인터페이스는 내부 네트워크에 연결되는 Bastion 호스트 – 스크리닝 라우터 방식과는 달리 라우팅 기능은 존재하지 않음 – 외부 네트워크에서 내부 네트워크로 진입하기 위해서는 Dual-Homed 게이트웨이를 통과하며 허용된 패킷만을 통과시킴	
	장점	– 응용 서비스 종류에 보다 종속적이기 때문에 스크리닝 라우터 보다 안전함, 각종 기록(log)을 생성 및 관리하기 쉬움, 설치 및 유지보수가 쉬움
	단점	– 제공되는 서비스가 증가할수록 proxy 소프트웨어 가격이 상승함, Bastion 호스트가 손상되면 내부 네트워크를 보호할 수 없음, 로그인 정보가 누출되면 내부 네트워크를 보호할 수 없음
Screened Subnet Gateway	– 스크리닝 라우터들 사이에 응용 게이트웨이(배스천 호스트)가 위치하는 구조를 가짐 – DMZ가 구성되는 방식으로 인터넷과 내부 네트워크 사이에 Screened Subnet 이라는 완충 지역 개념의 서브넷을 운영 – Screened Subnet 에 설치된 Bastion 호스트는 proxy 서버(응용 게이트웨이)를 이용하여 명확히 진입이 허용되지 않은 모든 트래픽을 거절하는 기능을 수행 – 스크리닝 라우터 사이의 영역을 DMZ 라 부르며, 이 공간에는 홈페이지 등의 대외 서비스 시스템들을 배치	
	장점	– 스크린 호스트 게이트웨이 방식의 장점 그대로 가짐, 다단계 방어로 매우 안전함
	단점	– 다른 방화벽 시스템들 보다 설치하기 어렵고, 관리하기 어려움, 방화벽 시스템 구축 소요 비용이 많음, 서비스 속도가 느림
Screened Host Gateway	– 스크리닝 라우터와 1개의 베스천 호스트로 구성되며 스크리닝 라우터에 필터링 기능 부여, 외부망으로의 접근은 보안정책에 의해 구현 – 인터넷과 같은 외부 네트워크로부터 내부 네트워크로 들어오는 패킷 트래픽을 스크리닝 라우터에서 패킷 필터 규칙에 의해 1 차로 방어 – 스크리닝 라우터를 통과한 트래픽은 Bastion 호스트에서 2 차로 점검	
	장점	– 2 단계로 방어하기 때문에 매우 안전함, 네트워크 계층과 응용 계층에서 방어하기 때문에 공격이 어려움
	단점	– 해커에 의해 스크리닝 라우터의 라우팅 테이블이 변경될 수 있음, 방화벽 시스템 구축 비용이 많음
Bastion Hosts	– 내부망과 외부망의 사이에 위치하여 보안을 담당하는 호스트 – Dual-Homed Gateway 와 구성은 유사하나, 네트워크 인터페이스가 하나 존재 – Bastion 은 원래 중세 유럽의 성곽을 지키는 요새를 뜻하는 말로, 내부망 접근을 위한 여러 가지 보안 기능을 수행하는 안전한 호스트를 의미 – 스크리닝 라우터와 달리 응용계층의 보안 서비스를 제공할 수 있음	
	장점	– 응용서비스의 종류에 종속적이므로 스크리닝 라우터보다 안전성이 높음 – 데이터에 대한 공격을 확실하게 방어하며 로그정보의 생성 및 관리가 용이
	단점	– 모든 보안 기능이 배스천 호스트에 집중되어 있으므로 배스천 호스트가 손상되면 내부 네트워크를 전혀 보호할 수 없으며 각종 로그인 정보가 누출되면 방화벽으로서의 역할이 불가능함

2) 방화벽 보안시스템의 적용방식

구분		내용
Packet Filtering		– 네트워크 사이에 전달되는 패킷의 헤더부분을 검사하여 접근을 통제 – 네트워크의 OSI 모델에서 네트워크계층과 전송층에서 패킷을 필터링 – Source/Destination IP Address 호스트별, 네트워크별 접근제어 – 스크린 라우터로 구성하거나 베스천 호스트와 패킷 필터링 소프트웨어를 이용하여 구현
	장점	– 처리속도가 상대적으로 빠름 – 사용자에게 투명성을 제공하며 새로운 서비스에 대해 비교적 쉽게 적용할 수 있는 유연성 – 상대적으로 구축비용이 저렴하고 기존의 응용 프로그램 수정 불필요
Packet Filtering	단점	– 모든 트래픽이 IP 패킷 형태로 되어 있으므로 내부시스템과 외부시스템이 직접 연결됨 – 데이터가 IP 수준에서 처리되므로 데이터의 내용에 대한 분석이 불가능함 – IP 패킷 헤더 내에 있는 소스,목적지 주소, 포트번호에 대한 정보 등은 해커에 의해 조작이 가능하여 IP 스푸핑 공격에 대응 미약 – 로깅 및 사용자 인증기능에 한계가 있음 – 한번 침입을 당하면 전체적인 보안 규칙이 취약하며 전체 네트워크에 미치는 영향이 큼 – FTP, DNS, X Protocol과 같이 복잡한 구조를 갖는 프로토콜에 대한 Rule Set 정의가 어려움
Application Proxy		– 프록시 게이트웨이 또는 응용 게이트웨이 – OSI 7계층 네트워크 모델에서 어플리케이션 계층에서 침입차단시스템의 기능을 구현한 방식으로 서비스별 프록시가 서비스 요구자의 IP 주소 및 포트를 기반으로 네트워크 접근제어를 수행 – 사용자 인증 및 기타 부가적인 서비스를 지원할 수 있음
	장점	– 내부 네트워크와 외부 네트워크 간에 직접 연결이 허용되지 않으므로 내부 네트워크 상의 시스템은 외부의 공격으로부터 보호됨 – 다른 방식의 침입차단시스템에 비해 보안성이 우수하며 일회용 패스워드 등의 강력한 인증기능을 포함 가능함 – 각 서비스별로 개별적인 접근제한을 둘 수 있음
	단점	– 성능이 상대적으로 느리며 신규 서비스를 제공하려면 새로운 프록시가 추가되어야 하므로 신규서비스에 대한 유연성이 낮음
Stateful Inspection		– Dynamic Port를 이용하는 어플리케이션에 대한 Secure Channel 제공 – 어플리케이션 특성에 따라 선행 트래픽을 기초로 하여, 예측된 트래픽에 대한 제어를 동적으로 수행 – 단순 트래픽 정보의 개념을 더욱 발전 – 어플리케이션의 섬세한 데이터를 분석하여 얻은 예상 트래픽을 위해 순간적인 좁은 통로를 동적으로 생성 – 보안상 각 패킷에 대한 내용을 검토해야 하는 경우에 프록시를 부가적으로 사용

구분		내용
Stateful Inspection	장점	− 프록시 필요없이 동적인 서비스 처리가 가능 − 신규서비스에 대한 대응능력이 뛰어나며 속도문제와 보안성을 동시에 추구할 수 있음
Circuit Gateway		− OSI 계층의 4계층과 5계층에 해당하는 TCP Proxy에 위치하며 SOCKS 서버와 SOCKS 클라이언트로 구성됨 − 일종의 어플리케이션 프록시 범주에 포함되며 응용계층과 무관하게 사용됨
	장점	− 단순하면서도 서비스의 유연성이 높음 − 확실한 보안기능을 제공함
	단점	− SOCK 등과 같은 서킷 프로토콜을 이용하려면 클라이언트 측의 프로그램을 수정해야 함

S05. 보안기술

┃시험출제 요약정리┃

1) DB 보안

구분	내용
데이터베이스 보안의 구현기능	1) 접근제어 : 허가 받지 않은 사용자의 데이터베이스 자체에 대한 접근을 방지하는 것으로(계정과 암호) 데이터베이스에 대해 발생한 각종 조작에 대한 주체를 파악하여 트랜잭션 로그 파일의 자료로 제공하는 것 2) 허가규칙 : 정당한 절차를 통해 DBMS 내로 들어온 사용자라 하더라도 허가 받지 않은 데이터에 접근하는 것을 방지하는 것 3) 가상테이블 : 가상테이블을 이용하여 전체 데이터베이스 중 자신이 허가 받은 사용자 관점만 볼 수 있도록 한정하는 것 4) 암호화 : 데이터를 암호화하여 비록 그 데이터에 접근하더라도 알 수 없는 형태로 변형시키는 것
데이터베이스 접근제어	1) 임의적 접근제어 : 주체나 주체가 속해있는 그룹의 신원에 근거하여 객체에 대한 접근을 제한하는 방법으로 객체의 소유자가 접근여부를 결정함 　－ Capability List : 한 주체에 대해 접근 가능한 객체와 허가 받은 접근 종류의 목록 (사람 A에 대한 프린터 프린트) 　－ Access Control List : 한 객체에 대해 접근허가 받은 주체들과 각 주체마다 허가 받은 접근 종류의 목록 (파일 A에 대해 사용자1,사용자2) 2) 강제적 접근제어 : 비밀성을 갖는 객체에 대하여 주체가 갖는 권한에 근거하여 객체에 대한 접근을 제어하는 방법, 관리자만이 정보자원의 분류를 설정하고 변경 　－ Read : 주체1의 비밀등급>=객체1의 비밀등급 　－ Write : 주체2의 비밀등급 <=객체1의 비밀등급 3) 역할기반 접근제어 : 중앙관리자가 주체와 객체의 상호관계를 통제하며 조직내에서 맡은 역할에 기초하여 자원에 대한 접근허용여부를 결정함
데이터 암호화	－ 최신 암호화 기술로 중요 Data를 보호(통신상의 노출, 주요 정보의 보호 등)하고 시스템 관리자 및 DBA 사용자로부터 데이터 보호 － 데이터베이스 시스템은 각 로그인 세션(session)동안 사용자가 데이터베이스에서 수행하고 있는 모든 연산을 기록 － 데이터베이스에 적용된 모든 갱신과 각 갱신을 수행한 특정 사용자의 기록을 보관하기 위하여 시스템 로그를 변경 가능

2) PKI

- CRL(Certificate Revocation List) : 인증서의 유효성을 검증하기 위해 사용하는 목록. 인증서의 유효성을 검증하기 위해 인증서취소목록(CRL)이나 OCSP(On-line Certificate Status Protocol) 등을 이용
- CRL 재발급 : 인증서 주체의 개인 키가 노출되었거나 그럴 가능성이 있는 경우, 인증 기관의 개인 키가 노출되었거나 그럴 가능성이 있는 경우, 인증서의 불법 취득 사실이 드러난 경우, 인증서 주체가 더 이상 신뢰할 수 있는 엔터티가 아닌 경우, 인증 주체의 이름이 변경된 경우
- OCSP(Online Cetificate Status Protocol) : 인증서에 대한 사용가능 여부를 실시간으로 검증하기 위한 프로토콜, 유효/취소/알려지지 않음 응답

구분	내용
정책 승인기관 (PAA)	– Policy Approving Authority – 사용되는 정책 및 절차의 생성과 수립 – 하위기관의 정책 준수상태 및 적정성 검사 – 하위기관의 공개키 인증과 인증서 및 인증서 취소목록(CRL) 등 관리
정책 인증기관 (PCA)	– Policy Certification Authority – 정책 승인기관 하위계층으로 자신의 도메인 내 사용자와 인증기관이 수행할 정책 수립
인증기관(CA)	– Certificate Authority – 객체로서 인증서 등록,발급,조회 시 인증서의 정당성에 대한 관리를 총괄
등록대행기관 (RA)	– Registration Authority – 인증서 등록 및 사용자 신원확인을 대행하는 기관
디렉토리	– 인증서 및 인증서 취소 목록을 저장하고 사용자에게 서비스하는 역할 – 주로 LDAP 을 이용하여 디렉토리 서비스를 제공 – 인증서는 서명 검증의 응용을 위해 디렉토리에 저장됨.
사용자 (PKI Client)	– 인증서를 신청하고 인증서를 사용하는 주체 – 인증서의 저장, 관리 및 암호화/복호화 기능을 함께 가지고 있음.

3) 전자서명

- 전자문서를 작성한 사람의 신원과 전자문서의 작성여부를 확인 할 수 있는 전자적형태의 서명, 공개키 암호화 기술에 기반함
- 디지털 서명이 제공하는 기능은 인증, 무결성(위조불가/변경불가), 송신사실의 부인방지, 재사용불가(A문서의 전자서명을 B 문서의 전자서명으로 대치 불가)임
- 메세지준비-일회용 세션키를 이용하여 관용암호(대칭키 방식)로 메시지 암호화
- 수신자의 공개키를 이용하여 세션키 암호화-암호화된 세션키를 메시지에 첨부하여 송신

자 전송

– 전자 서명은 동일한 사용자가 서명을 하더라도 메시지가 변경될 경우 다른 전자서명 값이 생성.전자서명 알고리즘에는 RSA(Rivest, Shamir, Adleman), DSA(Digital Signature Algorithm) .전자서명만을 사용하여 메시지의 기밀성(Confidentiality)을 제공할 수는 없으며 위조불가, 부인방지, 재사용불가, 변경불가, 서명자 인증 제공

구분	내용
전자서명 단계	1) 송신자는 해쉬 알고리즘을 이용하여 메시지 해쉬값을 생성한다. 2) 송신자는 (송신자의 개인키)를 바탕으로 메시지 해쉬값을 암호화하여 자신의 서명값을 생성한다. 3) 송신자는 메시지와 서명값을 수신자에게 전송한다. 4) 수신자는 받은 메시지를 해슁하여 해쉬값 1을 생성한다. 5) 수신자는 받은 서명값을 (송신자의 공개키)를 바탕으로 복호화하여 해쉬값 2를 생성한다. 6) 수신자는 해쉬값 1과 해쉬값 2를 비교하여 서명을 검증한다.
전자서명 특징	<table><tr><th>특징</th><th>내용</th><th>적용기술</th></tr><tr><td>위조불가</td><td>서명자만이 서명문 생성</td><td>개인키</td></tr><tr><td>서명자 인증</td><td>서명문의 서명자를 확인</td><td>공개키</td></tr><tr><td>재사용 불가</td><td>서명문의 서명은 다른 문서에서 재사용 불가</td><td>해쉬함수</td></tr><tr><td>변경 불가</td><td>서명된 문서 내용을 변경 불가</td><td>해쉬함수</td></tr><tr><td>부인 불가</td><td>서명자는 나중에 서명사실을 부인할 수 없음</td><td>해쉬값, 전자서명</td></tr><tr><td>분쟁 해결</td><td>제3자에 의해 정당성 검증</td><td>CA 검증</td></tr></table>
전자서명 알고리즘	<table><tr><td>RSA</td><td>메시지 복구기능이 있는 대표적인 알고리즘</td></tr><tr><td>ElGamal</td><td>– 이산대수문제에 기반한 암호 알고리즘 – 암호문의 길이가 평문의 2배가되나, 안정성이 우수함.</td></tr><tr><td>KCDSA</td><td>– 국내의 디지털서명 표준 알고리즘 확인서를 이용한 전자서명 생성/검증 알고리즘 – 이산대수문제에 기반함.</td></tr></table>

4) 생체인식

① 당신이 알고 있는 것 (Something you know) : 1종 인증
② 당신이 휴대하고 있는 것 (Something you have) : 2종 인증
③ 당신 모습 자체 (Something you are) : 3종 인증 = 생체인증

기술	장점	단점
지문	값싸고 구현이 용이	신뢰도가 다소 떨어짐
얼굴	거부감 적음	구현이 어렵고, 신뢰도 떨어짐
홍채	신뢰도가 가장 높음	장치가격이 높고, 사용자 거부감 높음
정맥	값이 싸고 구현이 쉬움	다소 떨어짐
DNA	위조, 변조, 중복이 불가능함	사회적 반발 가능성
음성	별도의 장치가 없어도 됨	신뢰도가 가장 떨어짐

5) CRL & OCSP

구분	내용

CRL	– CRL(Certificate Revocation List) : 인증서의 유효성을 검증하기 위해 사용하는 목록
	– 인증서 해지 및 CRL 게시 사유
	  1) 인증서 주체의 개인 키가 노출되었거나 그럴 가능성이 있는 경우
	  2) 인증 기관의 개인 키가 노출되었거나 그럴 가능성이 있는 경우
	  3) 인증서의 불법 취득 사실이 드러난 경우
	  4) 인증서 주체가 더 이상 신뢰할 수 있는 엔터티가 아닌 경우
	  5) 인증 주체의 이름이 변경된 경우

OCSP	– 인증서에 대한 사용가능 여부를 실시간으로 검증하기 위한 프로토콜 – 전자서명 인증서 폐지목록(CRL)의 주기적 갱신의 한계 극복할 수 있는 방법 – OCSP 요청/응답 구조는 클라이언트/서버 모델의 정보 조회 구조 – CRL보다 더 많은 정보를 전달 할 수 있음 – HTTP, SMTP, LDAP 과 같은 어플리케이션 프로토콜로 전달 – 어떤 인증서가 폐기되었는지에 대한 익명성 제공(CRL은 모든 리스트를 제공)

6) WEB 보안/OWASP

구분	내용
XSS	– 웹 게시판에 자바스크립트 코드를 직접 삽입하여 쿠키 정보 등을 유출 – location.href=해킹서버 ; alert(document.cookie) 명령어 등을 이용하여 해커의 컴퓨터로 쿠키정보 유출.– 방어를 위해서는 웹 게시판은 〈script〉 태그를 disable 시킬 수 있도록 만들어 져야 함
SQL Injection	– 웹페이지의 입력 form 에 SQL 코드를 직접 삽입하여 해킹하는 기법 – 해커는 admin 계정으로 로그인을 하거나 또는 "; exec shell" 등의 명령어를 이용 Shell 권한 획득.방어를 위해서는 입력값을 검증하여 특수문자나 SQL 문 형태의 입력을 걸러내는 프로그래밍이 필요

구분	내용
SQL Injection	① Authentication Bypass ② Parameter Manipulation ③ OS Call
웹셸 업로드 공격	– 웹 서버에 명령을 실행하여 관리자 권한을 획득해 행하는 공격 방법. 웹 애플리케이션의 첨부 파일에 대한 부적절한 신뢰와 불충분한 점검으로 인해 악의적인 원격 공격 코드가 웹 서버로 전송 – 실행되는 방법으로 관리자 권한을 획득한 후 웹 페이지 소스 코드 열람은 물론 서버 내 자료 유출, 비밀문 프로그램 설치 등 다양한 공격이 가능하다. 인터넷에 널리 유포되어 있는데 파일 업로드 취약점을 이용하며 서버 명령을 실행할 수 있는 asp, cgi, php, jsp 등이 있음 ① 공격에 사용할 웹셸을 미리 준비 ② 파일 첨부가 가능한 게시판의 업로드 취약점 등 확인 ③ 홈페이지에서 사용되는 언어와 일치하는 웹셸을 업로드 ④ 웹셸을 이용한 시스템 명령어 수행, 파일 생성 및 삭제 등 공격 수행
크로스사이트요청	– CSRF 공격은 로그온 한 희생자의 브라우저가 사전 승인된 요청을 취약한 웹 애플리케이션에 보내도록함으로써 희생자의 브라우저가 공격자에게 이득이 되는 악의적인 행동을 수행

2004년 97번

CRL(Certificate Revocation List)은 인증서 폐기 목록으로, 사용할 수 없는 인증서에 대한 목록이다. 다음 중 CRL이 발급되는 경우로서 적절한 것은?

① CA의 공개키 유출시
② CA 인증서의 손상시
③ 인증서 소유자의 공개키 배포시
④ 인증서 유효기간 중에 인증서 소유자의 공개키 유출시

● 해설 : ②번

공개키는 공개되어도 CRL이 발급될 필요가 없으나 CA의 인증서가 손상되었을 경우에는 CRL이 발급되어야 함.

● 관련지식 ●●

• CRL(Certificate Revocation List)
  – 인증서의 유효성을 검증하기 위해 사용하는 목록

  1) 인증서 주체의 개인 키가 노출되었거나 그럴 가능성이 있는 경우
  2) 인증 기관의 개인 키가 노출되었거나 그럴 가능성이 있는 경우
  3) 인증서의 불법 취득 사실이 드러난 경우
  4) 인증서 주체가 더 이상 신뢰할 수 있는 엔터티가 아닌 경우
  5) 인증 주체의 이름이 변경된 경우

PKI에서 인증서의 유효성을 온라인으로 확인하는 프로토콜은?

① OCSP(Online Cetificate Status Protocol)
② CMP(Certificate Management Protocol)
③ SCEP(Simple Certificate Enviroment Protocol)
④ DVCS(Data Validation and Certification Server)

● 해설 : ①번

OCSP는 인증서에 대한 사용가능 여부를 실시간으로 검증하기 위한 프로토콜임.

● 관련지식 ●

• OCSP(Online Cetificate Status Protocol)
   인증서에 대한 사용가능 여부를 실시간으로 검증하기 위한 프로토콜로 전자서명 인증서 폐지
   목록(CRL)의 주기적 갱신의 한계 극복할 수 있는 방법
   – OCSP 요청/응답 구조는 클라이언트/서버 모델의 정보 조회 구조
   – CRL보다 더 많은 정보를 전달 할 수 있음.
   – HTTP, SMTP, LDAP 과 같은 어플리케이션 프로토콜로 전달
   – 어떤 인증서가 폐기되었는지에 대한 익명성 제공(CRL은 모든 리스트를 제공)

인증서 상태 유형	설명
유효	클라이언트가 상태조회를 한 시점에 인증서가 폐기되지 않았음
취소	인증서가 영구적으로 폐기되었음
알려지지 않음	조회된 인증서에 대하여 OCSP서버가 알고 있는 정보가 없음

다음 중 디지털 서명이 유효하기 위하여 만족시켜야 하는 요구사항이 <u>아닌 것은?</u>

① 위조 불가(unforgeable)
② 접근 제어(access control)
③ 변경 불가(unalterable)
④ 서명자 인증(user authentication)

● 해설 : ②번

디지털 서명이 제공하는 기능은 인증, 무결성, 부인방지임.

● 관련지식 ●●

• 디지털 서명
  – 전자문서를 작성한 사람의 신원과 전자문서의 작성여부를 확인할 수 있는 전자적형태의 서명으로 공개키 암호화 기술에 기반함.
  – 전자서명 제공 서비스 : 인증, 무결성, 부인방지

구분	내용
사용자 인증	생성키를 소유한 사람이 전자서명의 생성자임을 입증(Authentication)
부인 방지	전자서명의 생성사실을 나중에 부인할 수 없음
위조 및 변조방지	개인키를 소유하지 않은 사람은 전자서명 생성이 불가능 내용변경 불가능
분쟁 해결시 사용	제 3자에의한 정당성 검증 가능

공개키 기반구조에 관한 설명 중 틀린 것은(PKI)?

① 등록기관(Registration authority) 은 인증기관(CA)을 대신하여 사용자의 신분을 확인하는 기능을 수행한다.
② PKI 관리 프로토콜은 E-mail, HTTP, TCP/IP, FTP와 같은 다양한 전송 메커니즘을 이용할 수 있어야 한다.
③ 보관소에 저장된 인증서 및 인증서취소목록(Certificate Revocation List:CRL) 정보를 검색하거나 읽기 위해서 주로 DAP(Directory Access Protocol)을 이용한다.
④ 인증서의 유효성을 검증하기 위해 인증서취소목록(CRL)이나 OCSP(On-line Certificate Status Protocol) 등을 이용한다.

● 해설 : ③번

   CRL정보를 검색하거나 읽기 위해서는 LDAP을 이용함.

● 관련지식 ●

   • CRL(Certificat Revocation List)과 OCSP비교

구분	CRL(Certificat Revocation List)	OCSP(online Certificate Status Protocol)
표준	RFC 3280	RFC 2560
반영주기	일정주기. (6시간 ~ 24시간)	실시간
비용	무료	추가비용

다음은 전자서명의 안전성을 확보하기 위하여 갖추어야 할 요구조건과 그에 대한 설명이다. 잘못된 요구조건이나 설명이 틀린 것은?규칙 포함), 정보시스템 감리기준과 관련된 내용 중 맞는 것은? (2개 선택)

① 위조 불가(unforgeable): 합법적인 서명자만 전자서명을 생성할 수 있다.
② 부인 불가(non-repudiation): 서명한 문서의 내용을 변경할 수 없어야 한다.
③ 재사용 불가(not reusable): A 문서의 전자서명을 B 문서의 전자서명으로 대치할 수 없다.
④ 서명자 인증(user authentication): 전자서명의 서명자를 누구든지 검증할 수 있어야 한다.

● 해설 : ②번

부인불가는 송신자의 메시지 발송 사실과 수신자의 메시지 수신 사실을 부인할 수 없다는 의미임.

● 관련지식 ●●

• 전자 서명의 요건

구분	내용
위조불가	생성키를 소유하지 않은자는 전자서명 생성 불가
변경불가	생성키를 소유하지 않은자는 전자문서 변경 불가
서명자인증	생성키를 소유한 자가 전자서명의 행위자임
재사용불가	A문서의 전자서명을 B문서의 전자서명으로 대치 불가
부인불가	생성키의 소유자가 전자서명 후에 행위에 대한 부인 불가

PKI(공개키 기반구조)의 구성 요소가 <u>아닌 것은?</u>

① 디렉토리 시스템
② 인증기관
③ 중개 센터
④ 등록 기관

● 해설 : ③번

PKI의 구성요소는 인증기관, 등록기관, 사용자, 디렉토리, 인증서 등이며 중개 센터는 일반적으로 공개키 기반구조의 구성요소로 분류하지 않음.

● 관련지식 ••

• PKI
공개키 인증서를 발행하고 그에 대한 접근을 제공하는 인증서 관리 기반 구조

구분	내용
정책 승인기관 (PAA)	– Policy Approving Authority – 사용되는 정책 및 절차의 생성과 수립 – 하위기관의 정책 준수상태 및 적정성 검사 – 하위기관의 공개키 인증과 인증서 및 인증서 취소목록(CRL) 등 관리
정책 인증기관 (PCA)	– Policy Certification Authority – 정책 승인기관 하위계층으로 자신의 도메인 내 사용자와 인증기관이 수행할 정책 수립
인증기관 (CA)	– Certificate Authority – 객체로서 인증서 등록,발급,조회 시 인증서의 정당성에 대한 관리를 총괄
등록대행기관 (RA)	– Registration Authority – 인증서 등록 및 사용자 신원확인을 대행하는 기관
디렉토리	– 인증서 및 인증서 취소 목록을 저장하고 사용자에게 서비스하는 역할 – 주로 LDAP 을 이용하여 디렉토리 서비스를 제공 – 인증서는 서명 검증의 응용을 위해 디렉토리에 저장됨.
사용자 (PKI Client)	– 인증서를 신청하고 인증서를 사용하는 주체 – 인증서의 저장, 관리 및 암호화/복호화 기능을 함께 가지고 있음.

PKI(공개키 기반구조) 기반 전자서명의 특징이 <u>아닌</u> 것은?

① 송신측의 인증
② 수신사실에 대한 부인 방지
③ 송신사실에 대한 부인 방지
④ 메시지 무결성

● 해설 : ②번

송신자의 개인키로 암호화하여 전송 시 수신자는 송신자의 공개키로 복호화하게 되므로 송신자는 송신자의 공개키로 복호화가 가능하다는 사실로 송신사실에 대해 부인할 수 없음.

● 관련지식 ••

• 전자서명
  전자문서를 작성한 자의 신원과 전자문서의 변경여부를 확인할 수 있도록 암호화 방식을 이용하여 전자서명 키로 전자적 문서에 대한 작성자의 고유정보를 서명하는 기술

• 전자 서명의 요건

구분	내용
위조불가	생성키를 소유하지 않은자는 전자서명 생성 불가
변경불가	생성키를 소유하지 않은자는 전자문서 변경 불가
서명자인증	생성키를 소유한 자가 전자서명의 행위자임
재사용불가	A문서의 전자서명을 B문서의 전자서명으로 대치 불가
부인불가	생성키의 소유자가 전자서명 후에 행위에 대한 부인 불가

공개키 기반구조 (PKI, Public Key Infrastructure)를 구현하는 인증기관에서 운영하는 인증시스템의 등록서버가 수행하는 기능이 <u>아닌</u> 것은? (2개 선택)

① 인증서 폐지 목록 발급
② 인증서 보관
③ 신분 확인
④ 인증 요청서 검사

● 해설 : ①, ②번

인증서 폐지목록 발급은 인증서버, 인증서 보관은 LDAP서버에서 보관하게 됨.

● 관련지식 ••

• PKI
공개키 인증서를 발행하고 그에 대한 접근을 제공하는 인증서 관리 기반 구조

구분	내용
정책 승인기관 (PAA)	– Policy Approving Authority – 사용되는 정책 및 절차의 생성과 수립 – 하위기관의 정책 준수상태 및 적정성 검사 – 하위기관의 공개키 인증과 인증서 및 인증서 취소목록(CRL) 등 관리
정책 인증기관 (PCA)	– Policy Certification Authority – 정책 승인기관 하위계층으로 자신의 도메인 내 사용자와 인증기관이 수행할 정책 수립
인증기관 (CA)	– Certificate Authority – 객체로서 인증서 등록.발급.조회 시 인증서의 정당성에 대한 관리를 총괄
등록대행기관 (RA)	– Registration Authority – 인증서 등록 및 사용자 신원확인을 대행하는 기관
디렉토리	– 인증서 및 인증서 취소 목록을 저장하고 사용자에게 서비스하는 역할 – 주로 LDAP 을 이용하여 디렉토리 서비스를 제공 – 인증서는 서명 검증의 응용을 위해 디렉토리에 저장됨.
사용자 (PKI Client)	– 인증서를 신청하고 인증서를 사용하는 주체 – 인증서의 저장, 관리 및 암호화/복호화 기능을 함께 가지고 있음.

A와 B가 통신할 때 공개키 인증서를 사용하여 두 통신자 사이에 인증을 제공하고자 한다. 이 때 송신자 A가 수행해야 하는 절차의 순서가 맞는 것은?

> 가. 메시지를 준비한다.
> 나. B의 공개키를 이용해서 세션키를 암호화 한다.
> 다. 일회용 세션키를 이용하여 관용암호(Conventional Encryption) 알고리즘으로 메시지를 암호화한다.
> 라. 암호화된 세션키를 메시지에 첨부해서 B에게 보낸다.

① 가-나-다-라
② 가-다-나-라
③ 가-라-나-다
④ 가-라-다-나

● 해설 : ②번

공개키 암호화 방식은 메시지 암호화 수행시에 암복호화 속도가 느리기 때문에 일반적으로 대칭키 방식을 이용해 암호화하게 되고 키 전달은 공개키 암호화 방식으로 전송함.

● 관련지식 •••

• 전자서명 적용 예시
유언장을 변호사에게 전자서명(디지털서명)으로 보내려고 한다고 가정할 때

구분	내용
송신자	유언장을 작성하고 프로그램을 이용하여 해시된 유언장 메시지를 만들고 해시를 암호화하기 위해 개인키로 암호화(서명값)하여 전송
수신자	프로그램을 통해 해시값을 생성한다. 송신자의 공개키를 이용하여 서명값을 바탕으로 해시값을 만들고 해시값 두개를 비교하여 서명을 검증

전자서명은 컴퓨터를 매개로 하여 전자적 형태의 자료로 서명자의 신원을 확인하고 자료 메시지의 내용에 대해 그 사람의 승인을 나타낼 목적으로 사용되며 유사 용어로 디지털 서명이 있으며 디지털 서명이란 공개키 암호방식을 이용한 전자서명의 한 종류이며 전자상거래나 인터넷 뱅킹에 활용됨.

LDAP(Lightweight Directory Access Protocol)에 대한 다음 설명 중 틀린 것은?

① 네트워크 상의 자원들을 식별하고 사용자와 응용 프로그램들이 자원에 접근할 수 있도록해주는 네트워크 서비스이다.
② 특정 자원의 물리적 연결 구성을 몰라도 그 자원에 접근 가능하도록 하는 수단을 제공한다.
③ DUA(Directory User Agent)와 DSA(Directory Service Agent) 간의 프로토콜은 DSP(Directory Service Protocol)이다.
④ 두 DSA(Directory Service Agent) 간에 관리적인 동작 관계가 설정되어있는 경우, 이들 DSA 간의 통신을 위해서 사용하는 프로토콜은 DOP(Directory Operational Binding Management Protocol)이다.

● 해설 : ③번

　　DUA와 DSA간의 프로토콜은 DAP(Directory Access Protocol)임.

● 관련지식 ●●

• LDAP(Lightweight Directory Access Protocol)

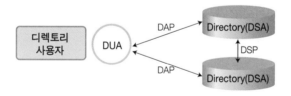

구분	내용
DUA(Directory User Agent)	Directory 사용자의 서비스 요청을 Directory에 전달하고 결과를 전송
DSA(Directory Service Agent)	– DUA의 요청서비스를 해석하여 Directory 서비스 수행 – 각 DSA는 상호간 정보를 공유하고 요청된 서비스를 수행하기 위하여 분산 디렉토리 구조로 구성
DIB(Directory Information Base)	Directory에 저장된 객체들에 대한 정보 집합
DAP(Directory Access Protocol)	DUA와 DSA간에 사용되는 Directory 접근 프로토콜

다음 전자서명에 대한 설명 중 틀린 것은?

① 서명하는 사람이 동일하면, 서명되는 메시지가 다르더라도 전자서명 값은 같다.
② 전자서명 알고리즘에는 RSA(Rivest, Shamir, Adleman), DSA(Digital Signature Algorithm) 등
   이 있다.
③ 전자서명만을 사용하여 메시지의 기밀성(Confidentiality)을 제공할 수는 없다.
④ 전자서명은 서명한 사람이 서명한 사실을 부인하지 못하게 하는 부인 봉쇄의 기능을 제
   공한다.

● 해설 : ①번

　전자 서명은 동일한 사용자가 서명을 하더라도 메시지가 변경될 경우 다른 전자서명 값이 생성
됨.

● 관련지식 ●●●

• 전자서명
  - 전자문서를 작성한 자의 신원과 전자문서의 변경여부를 확인할 수 있도록 암호화 방식을 이
    용하여 전자서명 키로 전자적 문서에 대한 작성자의 고유정보를 서명하는 기술
  - 유형 : RSA 전자서명, ElGamal 전자서명, DSS, E-Sign, KCDSA 알고리즘이 존재
  - 특징 : 위조불가, 부인방지, 재사용불가, 변경불가, 서명자 인증

전자서명을 생성 및 검증하는 과정은 다음과 같다. 괄호 안에 들어갈 적절한 용어는?

> 가. 송신자는 해쉬 알고리즘을 이용하여 메시지 해쉬값을 생성한다.
> 나. 송신자는 (A)를 바탕으로 메시지 해쉬값을 암호화하여 자신의 서명값을 생성한다.
> 다. 송신자는 메시지와 서명값을 수신자에게 전송한다.
> 라. 수신자는 받은 메시지를 해쉬하여 해쉬값 1을 생성한다.
> 마. 수신자는 받은 서명값을 (B)를 바탕으로 복호화하여 해쉬값 2를 생성한다.
> 바. 수신자는 해쉬값 1과 해쉬값 2를 비교하여 서명을 검증한다.

① A : 송신자의 개인키, B : 수신자의 공개키
② A : 송신자의 개인키, B : 송신자의 공개키
③ A : 수신자의 공개키, B : 수신자의 개인키
④ A : 수신자의 공개키, B : 송신자의 개인키

● 해설 : ②번

송신자는 송신자의 개인키를 통해 메시지 해쉬값을 암호화하여 자신의 서명값을 생성하고 수신자는 서명값을 송신자의 공개키를 통해 복호화함.

● 관련지식 ●●

• 전자서명 적용 예시
유언장을 변호사에게 전자서명(디지털서명)으로 보내려고 한다고 가정할 때

구분	내용
송신자	유언장을 작성하고 프로그램을 이용하여 해시된 유언장 메시지를 만들고 해시를 암호화하기 위해 개인키로 암호화(서명값)하여 전송
수신자	프로그램을 통해 해시값을 생성한다. 송신자의 공개키를 이용하여 서명값을 바탕으로 해시값을 만들고 해시값 두개를 비교하여 서명을 검증

전자서명은 송신자가 작성한 전자문서 자체를 암호화하는 것이 아니므로 제3자가 문서내용을 열람하는 데 아무런 장애가 없으나 전자서명에 작성자로 기재된 자가 그 전자문서를 작성하였다는 사실과 작성내용이 송수신과정에서 위변조 되지 않았다는 사실을 증명하고 작성자가 그 전자문서의 작성사실을 부인할 수 없게 하는 역할을 함.

다음 중 생체인식에서 사용하는 인증방식은?

① 당신이 알고 있는 것 (Something you know)
② 당신이 휴대하고 있는 것 (Something you have)
③ 당신 모습 자체 (Something you are)
④ 당신이 생각하고 있는 것 (Something you think)

● 해설 : ③번

　생체인식은 모습 자체의 특징이나 패턴을 통해 인증하는 방식임.

● 관련지식 ●●

- 생체인식
  - 개인의 독특한 생체정보를 추출하여 정보화시키는 인증방식으로 지문, 목소리, 눈동자 등 사람마다 다른 특징을 인식시켜 비밀번호로 활용하는 것임.
  - 인간의 신체적 행동적 특징을 자동화된 장치로 측정하여 개인식별의 수단으로 활용하는 것으로 지문, 얼굴, 홍채, 정맥 등 신체 특징과 목소리, 서명 등 행동특징을 활용하는 분야로 나뉘어짐.

2010년 101번

공개키 기반구조(PKI, Public Key Infrastructure)를 구현하는 공인 인증기관의 인증시스템 등록 서버가 수행하는 기능이 <u>아닌 것은?</u>

① 신분 확인　　　　　　② 인증서 보관
③ 인증 요청서 보관　　　④ 인증서 발급 대행

● 해설 : ②번

등록서버의 기능은 구현하는 방식에 따라 다양하게 구현될 수 있으며 인증서 보관은 LDAP 서버의 기능으로 분류됨.

● 관련지식 ●●

등록서버(RA)와 인증서버(CA)/디렉토리서버/키관리/LDAP서버/OCSP서버 등으로 구성함.

구분	내용
등록서버(RA) 기능	– 공개키기반구조 (PKI : Public Key Infrastructure)에서 공개키 인증서를 발급할 때, 고객의 신원확인과 등록대행 서비스를 수행하는 등록기관 (RA, Registration Authority) 또는 대행등록기관 시스템 – 가입자 등록, 인증서 재인가, 폐지, 효력정지/회복 요청 – 가입자 등록관련 정책 설정, 가입자 등록정보 조회 및 변경 – 가입자 인증서 정보 조회, 인증서 발급확인, 통계 및 감사기록 조회 – 등록정보의 입력, 접근, 변동, 삭제 사실의 감사 로그 기록 – 접근시 자체보안을 위한 스마트카드 기능 제공
인증서버(CA) 기능	– CA는 등록기관(RA)을 통해서 인증서 신청이 접수된 가입자에게 인증서 발급, 갱신, 폐지 등 인증서 발급 관리 업무를 수행하고, 인증서와 인증서폐지목록을 디렉토리에 게시하는 인증기관 (CA, Certification Authority)의 핵심업무 시스템 – 관리자 등록 및 관리, 인증정책의 등록 및 관리, 대행등록기관 등록 및 관리 – 대행등록기관의 인증서 발급 및 관리, 가입자의 인증서 신청정보 등록 – 인증서 신규발급, 갱신, 재발급, 폐지, 효력정지, 회복 – 인증서폐지목록 생성 및 관리, 인증서 및 인증서 폐지목록의 디렉토리 게시 – 다양한 형태 및 목적의 인증서 발급, SSL 인증서, S/MIME 인증서, 키관리용 인증서 등 , 인증서 및 가입자 관련 정보 조회, 인증서비스 관련 각종 로그의 검색

S05. 보안기술　**89**

아파치 웹 서버 보안에 관한 내용 중에서 <u>틀린 것은?</u>

① 각 디렉토리에 대한 보안 설정은 .htaccess에서 수행할 수 있다.
② 접근하는 클라이언트의 포트 번호를 이용하여 클라이언트에 대한 접근제어를 수행할 수 있다.
③ 접근로그(access log)나 오류로그(error log)를 통해 웹 서버의 동작을 모니터링할 수 있다.
④ 지정된 디렉토리에서만 CGI 스크립트가 실행될 수 있도록 제한할 수 있다.

● 해설 : ②번

아파치는 파일, 사용자, 호스트에 대한 접근제어를 수행할 수 있음.

● 관련지식 •

구분	내용
아파치 권한설정	− Users, Group 의 root 설정 금지 − Chroot 를 이용하여 웹 서버 영역 설정 − 사용자에 따른 적절한 권한 설정
아파치 접근제어 지시어	− 확장자가 .pl 이거나 localconfig 문자열이 들어가거나 check.sh 의 파일에 매치되는 　것이 있으면 모든 접근을 거부 〈FilesMatch ^(.*\.pl|.*localconfig.*|check.sh)$〉 deny from all 〈/FilesMatch〉
파일정보의 제한	• .ht 로 시작하는 파일의 접근을 차단한다. (.htaccess, .htpasswd) 〈Files ~ "^\.ht"〉 Order allow, deny Deny from all Satisfy All 〈/Files〉 • 특정 확장자 파일 접근 차단
사용자인증을 통한 접근 제어	〈Location /protected〉 AuthName "Members" AuthType Basic AuthUserFile /usr/local/httpd/users Require valid−user 〈/Location〉

구분	내용
호스트 접근제어	• 접근제어 모듈 mod_access – allow, deny, order • 다양한 접근제어 모듈 – Extended Access Control(mod_eaccess) : 정규표현식을 이용하여 URL, HTTP 요청방법, URI,QUERY_STRING 등을 기준으로 접근제어 가능 〈Directory /internal-only/〉 Order deny,allow Deny from all Allow from localhost 192.168.23.0/255.255.255.0 〈/Directory〉
확장자별 접근 제어	html(또는 htm), jpg(또는 jpeg), bmp, gif 파일이외의 접근은 허용되지 않으며, 이외의 파일에 접근하게 되면 접근에러 메시지인 access_violation.html 내용을 보여주게 됨
환경변수 접근제어	– 브라우저가 인터넷 익스플로러인 경우에는 'InternetExplorer' 환경변수를 설정하고 deny 지시어로 모든 접근을 거부하고, allow 지시어를 통해 'InternetExplorer' 로 환경 설정된 브라우저의 접속만 허용
Spam Bot 의 차단	• 환경변수의 정보를 이용하여 특정 에이전트의 차단 e.g) rewrite 모듈의 기능 활용
서비스거부공격	– 현 구조상 완벽한 차단 방법은 없음 – 아파치 설정 지시어 조절 Timeout, KeepAlive, KeepAliveTimeout, StartServers, RLimitCPU, RLimitMEM, RLimitNPROC – 대역폭의 조절 – bwshare module – mod_bandwidth – mod_throttle – Apache DoS Evasive Maneuvers Module : DoS, DDoS 또는 Brute force 공격등을 탐지하고 조절할 수 있는 기능을 제공
Buffer Overflow	• 아파치 웹 서버의 설정 – LimitRequestBody 10240 – LimitRequestFields 40 – LimitRequestFieldsize 100 – LimitRequestLine 500 • mod_parmguard 해커로부터 입력되는 데이터의 필터를 통하여 스크립트를 보호한다. http://www.trickytools.com/php/mod_parmguard.php • 응용프로그램 : Boundary Check

웹 쿠키(Cookie)에 대하여 가장 바르게 설명한 것은?

① 쿠키는 웹 서버에 저장되므로 클라이언트에서 제어할 수 없다.
② 쿠키는 실행가능하기 때문에 바이러스로 동작할 수도 있다.
③ Set-Cookie 헤더에 키워드 secure를 표시함으로써 SSL과 같은 보안 채널을 통해서만 쿠키를 전송하도록 제한할 수 있다.
④ 쿠키는 강력한 인증기능을 제공하고 변조와 같은 공격에 안전한 특성을 가지고 있다.

● 해설 : ③번

쿠키는 4Kbyte 이하의 텍스트 데이터로 클라이언트에서 편집이 가능한 파일로 수정이 용이하여 변조와 같은 공격에 취약함.

● 관련지식 ●●●

1) Cookie의 개요
   - Cookie 는 서버가 클라이언트에 저장하는 정보로 클라이언트가 사이트를 처음 방문했을 때 서버에 저장하지 않아도 될 정보(정보가 각 클라이언트에 저장되기 때문에 그 정보의 보존 여부를 서버가 보증할 수 없으므로 반드시 보존되어야 하는 정보라면 쿠키를 사용할 수 없다는 의미)를 각 클라이언트에 쿠키로 저장함
   - 해당 클라이언트가 다음에 다시 사이트를 방문하면 사이트와 관련된 정보가 클라이언트에 저장되어 있는지 확인하고 값을 적절하게 이용하게 됨.
   - 파손되어도 크게 문제가 없는 일반적인 정보라면 쿠키를 이용 가능
   - 웹 클라이언트측에 저장되는 세션정보로 4KB 미만이며 HTTP 프로토콜의 connectionless (=stateless) 특성으로 트랜잭션 처리 어려움.
   ─ Cookie의 응용분야: 웹 사이트의 방문기록, 사용자 인증(id/passwd), 전자상거래(쇼핑카트) 트랜잭션 정보저장

2) Cookie의 보안 이슈
   - Cookie 클래스의 메서드 : 쿠키를 설정할 때 반드시 필요한 것은 쿠키 이름과 그에 대한 값
   - JSP 페이지에서 클라이언트에게 쿠키를 저장하기 위해 사용되는 Cookie클래스의 메서드 setSecure : 설정여부가 true이면 SSL과 같은 보안 채널을 통해서만 쿠키 값이 참조될 수 있으므로 일반 HTTP로서는 쿠키 값을 볼 수 없음.
   - secure 파라미터는 SSL과 같이 안전한 서버 조건에서만 쿠키가 사용되어야 한다는 것을 지시하는 flag이다. 대부분의 사이트가 안전한 연결을 요구하지 않기 때문에 디폴트로 FALSE가 설정되어 있음.

다음에서 설명하는 기술은 무엇인가?

● 사진,오디오,동영상과 같은 디지털 미디어에 저작권 정보와 같은 비밀정보를 삽입하여 관리하는 기술을 의미한다.
● 저작권 보호, 위조 및 변도 여부 판별, 불법 복제 추적 등을 위해 사용된다.

① 디지털 워터마킹(watermarking)   ② 전자 코드북
③ 디지털 서명   ④ 풋프린트(footprint)

● 해설 : ①번

디지털 미디어에 저작권 정보를 삽입하여 관리하는 기술을 디지털 워터마킹이라 함.

● 관련지식 ●●●

1) 디지털 워터마킹(Digital Watermarking)의 개요
사진이나 동영상 같은 각종 디지털 데이터에 저작권 정보와 같은 비밀 정보를 삽입하여 관리하는 기술을 말하며 그림이나 문자를 디지털 데이터에 삽입하며 원본 출처 및 정보를 추적할 수 있으며, 삽입된 워터마크는 재생이 어려운 형태로 보관됨.
    ① 워터마크 삽입 – 디지털 콘텐츠에 소유자만 아는 마크를 삽입한다.
    ② 콘텐츠 배포 – 워터마크가 삽입된 콘텐츠를 네트워크를 통해 배포한다.
    ③ 불법 복제 – 악의적인 목적을 띤 사용자가 불법 복제하여 사용하는 경우가 발생한다.
    ④ 소유권 증명 – 콘텐츠에 삽입된 자신의 워터마크를 추출하여 소유권을 증명한다.

2) 디지털 워터마킹(Digital Watermarking)의 활용 기능

구분	내용
저작권 보호	저작권자를 규정하고 소유관계를 주장할 수 있음
위조나 변조 판별	연성 워터마크를 이용하게 되면 해당 데이터 수정 시 워터마킹된 부분이 깨지게 되므로 이를 통해 문서의 진위여부를 판별할 수 있게 됨
불법 복제 추적	콘텐츠에 공급받은 사용자의 ID를 넣어 불법 복제자를 추적
무단 복사의 방지	복사할 수 있는 횟수를 제한할 수 있음
사용자 제어	콘텐츠에 추가정보를 삽입하여 특정한 사용자를 지정할 수 있음
내용 보호	영상 등의 내용을 상업적으로 재사용할 수 없도록 보호할 수 있음
내용 라벨링	콘텐츠에 포함된 워터마크가 콘텐츠에 대한 정보를 포함하도록 할 수 있음

철수가 순희에게 연애편지를 보낼 때, 공개키 암호를 사용하여 기밀성(confidentiality) 을 제공하고자 한다. 이 때 철수가 해야 할 작업을 바르게 설명한 것은?

① 순희의 개인키로 메시지를 암호화한 후 순희에게 전송한다.
② 순희의 공개키로 메시지를 암호화한 후 순희에게 전송한다.
③ 철수의 개인키로 메시지를 암호화하여 순희에게 전송한다.
④ 철수의 공개키로 메시지를 암호화하여 순희에게 전송한다.

● 해설 : ②번

기밀성을 제공하기 위해서는 수신자만이 정보를 확인할 수 있어야 하며 수신자의 공개키로 암호화할 경우 수신자의 개인키만이 복호화 가능하므로 기밀성을 확보할 수 있음.

● 관련지식 ●●●

1) 공개키 암호 시스템 기밀성 보장 매커니즘
수신자의 공개키로 암호화하게 될 경우 수신자의 개인키로 만 복호화가 가능하므로 메시지 기밀성 제공

2) 인증 매커니즘
송신자의 개인키로 암호화하게 도리 경우 수신자는 송신자의 공개키로 복호화하고 송신자의 신분을 인증하게 됨.

S06. 위험관리

시험출제 요약정리

1) 위험관리

- 정보보호 정책을 바탕으로 각 조직에 적합한 전반적인 위험관리 전략의 결정
- 위험분석 활동의 결과 혹은 기본 통제에 따른 개별 IT 시스템에 대한 대책의 선택
- 보안 권고에 의거한 IT 시스템 보안 정책의 정형화, 조직의 정보보호 정책
- 승인된 IT 시스템 보안 정책을 토대로 하여 대책을 구현하기 위한 IT 보안 계획의 수립

구분	내용
위험분석	- 위험을 분석하고 해석하는 과정으로 조직자산의 취약성을 식별하고 위험분석을 통해 발생 가능한 위험의 내용과 정도를 결정하는 과정 - 정보시스템과 그 자산의 기밀성,무결성,가용성에 미칠 수 있는 다양한 위협에 대해서 정보 시스템의 취약성을 인식하고 이로 해서 인식할 수 있는 예상손신을 분석함
위험평가	- 조직이 보호해야 할 자산을 파악하고 그 가치를 평가하여 자산에 대한 위협의 종류와 영향을 평가하며 조직이 지니는 취약성을 분석함으로써 위협이 주는 위험의 정도를 평가하는 과정
위험관리	- 측정 및 평가된 위험을 줄이거나 제거하기 위한 과정으로 위험을 일정수준까지 유지 관리하는 것으로써 종종 위험평가가 위험관리 개념내에 포함되기도 하며 주요 목적은 위험을 수용 가능한 수준으로 감소시키는 데 있음 - 위험관리 = 위험 분석 및 평가 + 위험 완화

2) 위험 완화 처리

구분	내용
회피	위험이 존재하는 프로세스나 사업을 수행하지 않는 전략
이전	잠재적 비용을 제 3자에게 이전하거나 할당하는 전략
감소	위험을 감소시킬 수 있는 대책을 채택하여 구현하는 전략
수용	위험을 받아들이고 비용을 감수하는 전략

3) 보안 위험분석 기법

구분	정성적 접근방법	정량적 접근방법
개념	자산에 대한 화폐가치 식별이 어려운 경우 이용되며 자산의 위험도를 가중치로 부여함	수학적 기법을 활용하여 자산에 대한 해당 위험도를 분석하며 화폐가치로 산정될 수 있어 예산 수립이 유용함
기법	① 델파이법 : 시스템에 대한 전문적인 지식을 가진 전문가 집단을 구성하여 위험을 분석 및 평가하여 정보시스템이 직면한 다양한 위협과 취약성을 토론을 통해 분석하는 방법으로 짧은 기간에 분석이 이루어져 시간과 비용을 절약할 수 있으나 정확도가 낮음 ② 시나리오법 : 어떤 사건도 기대대로 발생하지 않는다는 사실에 근거하여 일정 조건 하에서 위험에 대한 발생가능한 결과들을 추정하는 방법으로 적은 정보를 가지고 전반적인 가능성을 추론할 수 있고 위험분석 팀과 관리층간의 원활한 의사소통이 가능하며 발생 가능한 사건의 이론적 추측으로 정확도,완성도,기술수준이 낮음 ③ 순위결정법 : 비교우위 순위결정표에 위험 항목들의 서술적 순위를 결정하는 방법으로 각각의 위험을 상호 비교하여 최종 위협요인의 우선순위를 도출하는 방법으로 위험분석에 소요되는 시간과 분석 자원이 적으나 위험추정의 정확도는 낮음	① ALE(연간 예상 손실) : 자산가치 * 노출계수 * 단일예상손실(SLE) 이며 단일예상손실 * 연간 발생율 = 연간예상손실(ALE) 임 ② 과거자료 분석법 : 과거 자료가 많을수록 분석의 정확도가 높아지며 과거에 일어났던 사건이 미래에도 일어난다는 가정이 필요하며 과거의 사건 중 발생빈도가 낮은 자료에 대해서는 적용이 어려움 ③ 수학공식 접근법 : 위협의 발생빈도를 계산하는 식을 이용하여 위험을 계량하는 방법으로 과거자료의 획득이 어려울 경우 위험 발생 빈도를 추정하여 분석하는 데 유용함. 위험을 정량화하여 매우 간결하게 나타낼 수 있음 ④ 확률 분포표 : 미지의 사건을 추정하는 데 사용되는 방법으로 미지의 사건을 확률적(통계적) 편차를 이용하여 최저,보통,최고의 위험평가를 예측할 수 있음
장점	계산에 대한 노력이 적게 듬 정보자산에 대한 가치를 평가할 필요가 없음 비용/이익을 평가할 필요가 없음	객관적인 평가기준이 적용됨 위험관리 성능평가가 용이 정보의 가치가 논리적으로 평가되고 화폐로 표현되어 납득이 잘됨 위험평가결과가 금전적가치,백분율,확률 등으로 표현되어 이해가 용이
단점	위험평가 과정과 측정기준이 지극히 주관적이어서 사람에 따라 결과 다름 측정결과를 화폐가치로 표현 어려움 위험완화 대책의 비용/이익 분석에 대한 근거가 제공되지 않고 문제에 대한 주관적인 지적만 있으며 위험관리 성능을 추적할 수 없음	계산이 복잡하여 분석하는 데 시간,노력,비용이 많이 소요됨 수작업의 어려움으로 자동화 도구를 사용할 시 신뢰도가 벤더에 의존됨

4) 위험 관리 절차

위험 관리 절차	설명	기법
위험 식별	어떤 위험이 영향을 미칠것인지 결정하고 그 특성을 문서화	브레인스토밍, 델파이기법, 인터뷰, SWOT분석
위험분석(정성적)	식별된 위험의 발생 가능성 및 그 영향을 평가	위험의 확률 및 영향 확률/영향 위험등급 매트릭스
위험분석(정량적)	각 위험의 확률 및 프로젝트 목표 달성에 미치는 결과와 전체 프로젝트 위험의 크기를 수치로 표현	인터뷰, 민감도 분석, 의사 결정 트리 분석, 시뮬레이션
대책의 선정	위험요소를 감소시키고 기회요소를 확대시키기 위하여 선택사항을 개발하고 결정하는 프로세스	회피, 수용, 완화, 전가
운영절차 / 책임	위험의 감소대책, 추적 및 통제를 위한 관리적 절차 명시	위험관리 절차, 책임추적성, 보안 감사

5) ALE

- SLE(Single Loss Expectancy) : 위협 에이전트가 취약점을 악용하였을 경우 발생하는 손실 예상액
- ALE(Annualized Loss Expectancy, 연간예상손실) = 단일예상손실(Single Loss Expectancy) * 연간발생횟수(frequency per year) = SLE * ARO
- 전체위험 = 위협 * 취약점 * 자산가치
- 잔여위험 = (위협 * 취약점 * 자산가치) * 통제격차

정보시스템의 위험 분석 및 관리에 대한 설명 중 **틀린 것은?**

① 취약성이란 위협이 없으면 손실로 이어지지 않지만, 위협 요소들이 침입할 수 있는 근거
   가 된다.
② 정량적인 위험 분석 방법에는 과거 자료 분석법, 수학공식 접근법, 확률 분포법, 점수법
   등이 있다.
③ 보안 대책의 구현으로 얻을 수 있는 잠재적인 손실의 감소량이 보안 대책의 구현과 운용
   에 드는 비용보다 작아야 한다.
④ 위험 분석은 자산의 취약성을 식별하고 위협을 분석하여 이들의 발생 가능성 및 위협이
   미칠 수 있는 영향을 파악하여 보안 위험의 내용과 정도를 결정하는 과정이다.

● 해설 : ③번

위험 분석 시, 위험으로 인해 발생되는 손실량과 위험 관리에 소요되는 비용을 고려하여야 하
며 잠재적 손실의 크기가 관리 비용보다 클 때 보안 대책을 구현할 수 있음.

● 관련지식

• 위험 분석 기법
  위험 우선 순위 식별을 위한 위험 노출도 결정 방법
  위험 노출도(risk exposure) = 발생가능성(probability) * 영향력(impact)

구분	내용
정성적 접근방법	개념 : 위험 크기를 순위 또는 점수로 표현 유형 : 델파이 기법, 순위결정법, 피지 행렬법 장점 : 금액화 하기 어려운 정보의 평가, 분석 시간 짧고 이해 쉬움 단점 : 평가 결과가 주관적
정량적 접근방법	개념 : 위험 크기를 비용으로 표현(위험발생가능성*손실크기=기대손실) 유형 : 민감도 분석, 의사결정 분석, 몬테카를로 시뮬레이션 장점 : 비용/가치 분석, 예산 기획, 과학적 분석 단점 : 분석의 시간, 비용이 큼

위험관리에 대한 설명 중 적절하지 않은 것은?

① 불필요하거나 과도한 정보보호 투자 방지
② 위험 분석에서 나온 근거에 바탕을 둠
③ 자산에 대한 위험을 분석, 비용 효과적 측면에서 적절한 보호대책 수립
④ 위험을 최소한으로 감소시키는 것이 주요 목적

● 해설 : ④번

위험관리는 위험이 발생하기 전에 위험이 초래할 수 있는 모든 결과를 체계적으로 고려하고 위험을 회피하거나 피해를 최소화하는 방법을 정의하는 프로세스임 (PMI)

● 관련지식 ●●●

1) 위험 관리의 구성 요소

구분	내용	
정보자원 (Information Assets)	위협에 공격 당할 수 있는 보호 대상 자원 및 자산	정보, 데이터, 하드웨어, 소프트웨어, 문서 및 직원 등
위협 (Threats)	정보 자산에 해를 일으킬 수 있는 상황 혹은 사건	오류, 공격, 사기, 절도, 설비 장애 등
취약점 (Vulnerability)	위협이 정보 자산에 해를 일으키게 할 수 있는 정보 자산의 특징	사용자 지식의 부족, 보안기능부재, 테스트되지 않은 기술 등
영향 (Impacts)	위협에 의해 발생하는 여러 유형의 손실	재무적 손실, 법률 위반, 신용도 감소, 사업기회의 손실 등

2) 위험 관리 방안

구분	내용
예방/회피 (Prevention/Avoidance)	자산 매각, 이사, 사업 철수 등을 통해 위험 발생의 소지를 원천적으로 봉쇄하는 것
완화(Mitigation)	위협의 발생 확률, 취약성 및 위험으로 인한 영향을 낮추기 위한 조치를 취하는 것
전가(Transference)	보험 가입 등을 통해 위험을 타 조직으로 분산하는 것
감수(Acceptance)	비용이 효과를 초과할 경우 위험 관리를 하지 않기로 결정하는 것

위험 분석은 자산의 취약성을 식별하고 존재하는 위협을 분석하여 이들의 발생 가능성 및 위협이 미칠 수 있는 영향을 파악해서 보안 위험의 내용과 정도를 결정하는 과정이다. 위험 분석 방법론은 일반적으로 위험분석 결과의 성격에 따라 크게 정량적 분석과 정성적 분석으로 구분 된다. 다음 중 정량적 위험분석 방법론이 <u>아닌 것은?</u>

① 과거자료 분석법   ② 수학공식 접근법   ③ 확률분포법   ④ 델파이법

● 해설 : ④번

   델파이법은 정성적 위험 분석 방법론임.

● 관련지식 ●●●

1) 위험 분석 방법

구분	내용
정성적 접근방법	개념 : 위험 크기를 순위 또는 점수로 표현 유형 : 델파이 기법, 순위결정법, 피지 행렬법 장점 : 금액화 하기 어려운 정보의 평가, 분석 시간 짧고 이해 쉬움 단점 : 평가 결과가 주관적
정량적 접근방법	개념 : 위험 크기를 비용으로 표현(위험발생가능성 X 손실크기 = 기대손실) 유형 : 민감도 분석, 의사결정 분석, 몬테카를로 시뮬레이션 장점 : 비용/가치 분석, 예산 계획, 과학적 분석 단점 : 분석의 시간, 비용이 큼

2) 델파이법
   – 전문가에 의한 정성적 분석 기법
   – 전문가는 익명으로 참여하고 위험 분석 결과를 알림
   – 조정자가 접수된 위험을 취합하고 다시 전문가들에게 리뷰를 요청하면서 반복적으로 결과를 정리

3) 순위 결정법
   – 발생가능성과 영향력을 각각 X, Y축으로 하고 각각 1점 ~ 5점까지의 scale을 가지는 2차원 매트릭스를 작성하여 위험 각각에 대하여 발생가능성과 영향력을 1~5점까지 점수 부여
   – 매트릭스에서 오른쪽 상단이 가장 우선순위가 높고, 왼쪽 하단이 가장 우선순위가 낮게 평가

위험관리의 절차로 맞는 것은?

① 위험분석 및 평가 → 대책의 선정 → 위험 식별 → 운영절차/책임
② 위험분석 및 평가 → 위험 식별 → 대책의 선정 → 운영절차/책임
③ 위험 식별 → 위험분석 및 평가 → 대책의 선정 → 운영절차/책임
④ 위험 식별 → 대책의 선정 → 위험분석 및 평가 → 운영절차/책임

● 해설 : ③번

위험식별 후 위험분석 및 평가를 하게되며 대책을 선정한 후 운영절차 및 책임을 정의하게 됨.

● 관련지식 •••

• 위험 관리 절차

위험 관리 절차	설명	기법
위험 식별	어떤 위험이 영향을 미칠것인지 결정하고 그 특성을 문서화	브레인스토밍, 델파이기법, 인터뷰, SWOT분석
위험분석(정성적)	식별된 위험의 발생 가능성 및 그 영향을 평가	위험의 확률 및 영향 확률/영향 위험등급 매트릭스
위험분석(정량적)	각 위험의 확률 및 프로젝트 목표 달성에 미치는 결과와 전체 프로젝트 위험의 크기를 수치로 표현	인터뷰, 민감도 분석, 의사 결정 트리 분석, 시뮬레이션
대책의 선정	위험요소를 감소시키고 기회요소를 확대시키기 위하여 선택사항을 개발하고 결정하는 프로세스	회피, 수용, 완화, 전가
운영절차 / 책임	위험의 감소대책, 추적 및 통제를 위한 관리적 절차 명시	위험관리 절차, 책임추적성, 보안 감사

 **2008년 89번**

다음과 같은 위험분석과 위험관리 수행과정 중 가장 먼저 실시되어야 하는 것은 무엇인가?

① 취약성 분석   ② 위협 분석   ③ 위험 평가   ④ 자산 식별

● 해설 : ④번

위험분석모델인 GMITS에서는 위험분석의 첫번째 단계가 자산식별이며 이후 자산의 의존도, 위협분석, 취약성 분석, 세이프 가드의 식별 이 후 리스크에 대한 평가를 진행하게 됨.

● 관련지식 ••

• Risk Analysis Model (GMITS)

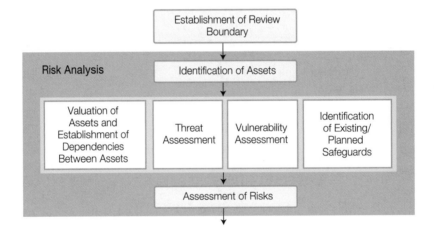

A사의 100억원 짜리 자산(AV : Asset Value)에 대하여 20년에 1번 정도의 사고가 발생(ARO : Annualized Rate of Occurrence) 한다고 가정하고, 위험손실 노출지수(EF : Exposure Factor)는 0.2로 가정할 때 연간 예상 손실액(ALE : Annualized Loss Expectancy)은 얼마인가 ?

① 1 억원   ② 2 억원   ③ 4 억원   ④ 5 억원

● 해설 : ①번

ALE = SLE * ARO = (asset value * exposure factor(EF)) * ARO
= Loss(asset, threat) * Likelyhood(threat)
ALE = 100억 * 0.2 * 1/20 = 1억

● 관련지식 ●

　－ SLE(Single Loss Expectancy) : 위협 에이전트가 취약점을 악용하였을 경우 발생하는 손실 예상액

　－ ALE(Annualized Loss Expectancy,연간예상손실) = 단일예상손실(Single Loss Expectancy) * 연간발생횟수(frequency per year) = SLE * ARO

　－ 전체위험 = 위협 * 취약점 * 자산가치

　－ 잔여위험 = (위협 * 취약점 * 자산가치) * 통제격차

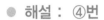

다음 중 위험관리(Risk Management) 관련 용어에 대한 설명으로 가장 적절하지 <u>않은</u> 것은?

① 취약점(vulnerability) : 정보시스템에 가지고 있는 취약한 위험요소
② 보안대책(safeguard) : 위협을 경감시키기 위한 통제나 대응책
③ 위협(threat) : 시스템에 손상을 줄 수 있는 모든 사건들
④ 위험의 수용(risk acceptance) : 적절한 보안대책으로 경감된 위험의 수용
⑤ 위험의 전이(risk transfer) : 보험 가입 등을 통해 잠재적 손실을 제3자에게 전이

● 해설 : ④번

위험의 수용은 위험에 대한 대응을 하지 않는 대응방법으로 적절한 보안대책으로 경감된 위험을 수용하는 방식은 감소(Reduction)에 대한 설명임.

● 관련지식 •••

1) 위협 및 취약점의 개념

구분	내용
위협(Threat)	손실과문제를야기하는요인으로, Threat Source,Motivation, Threat Actions으로 구분
취약점(Vulnerability)	위협을 현실로 발생하게 하는 요인으로 자체로는 문제가 되지 않음

2) Risk 대응방법

구분	내용
회피 (Avoidance)	Risk를 유발할 수 있는 활동을 더 이상 진행하지 않을 것을 결정 (비즈니스/생산라인철수, Risk를 유발하는 신규 사업 진출 보류, 취약 System, Network의 제거)
공유(Sharing) /전가(Transfer)	다른 조직과 특정한 Risk로부터 손실 부담 혹은 이득 혜택의 공유 (주로 재무적 대응을 통해 수행 되며 보험 및 파생 금융상품 등을 이용하여 제무적으로 헤지 혹은 전가, Partnership/ 보험)
감소 (Reduction)	Risk의 발생 가능성 및 영향 혹은 모두를 줄이기 위한 행동 (생산 라인 다양화, 비즈니스 프로세스최적화, 정보보호 Policy/Solution의 적용)
수용 (Acceptance)	Risk 대응을 하지 않음 (Risk들 간의 자연적인 상쇄 효과(Natural Offsets)에 의존,환율 Risk)

위험관리(Risk Management)에서 자산가치가 100억원, 노출계수가 60%, 연간 발생율이 3/10, 보안관리 인원 수가 10명이라고 하면 연간 예상손실(ALE)를 계산하면 얼마인가?

① 1.8억원   ② 3억원   ③ 6억원   ④ 18억원   ⑤ 180억원

● 해설 : ④번

ALE = 100억원 * 0.6 * (3/10) = 18억원

● 관련지식 ●●●

- (자산가치 x 노출계수 = 단일 예상손실) x 연간 발생률 = 연간 예상손실
- (AV * EF = SLE) * ARO = ALE
- 화재 위험을 가정할때, 자산 가치가 1억이고, 노출계수가 50%, 연간발생률이 1/10 (10 년에 한번) 이라고 하면,

- (1억 * 50% = 5천만원) * 1/10 = 5백만원 (ALE)

- 조직은 화재 발생 예방이나 영향 경감에 연간 5백만원까지 지출하는 것에 대해 정당화할 수 있음.

S07. 보안 체계

시험출제 요약정리

1) 정보보호

- 정보보호의 궁극적인 목적은 고객의 자산을 보호하고 허용가능한 위험수준까지 낮추는 것이고 외부위탁으로 수행되는 정보서비스에 대한 정보보호의 궁극적인 책임은 위탁서비스 사용업체에 있음.
- 정보보호는 조직문화에 의해 제한을 받고 정보보호는 포괄적이고 통합적인 접근방법으로 접근되어야 하며 정보보호는 조직의 관리활동에 있어 적절한 주의 의무(due care)에 포함되어야 함.

2) 정보보호 정책

구분	내용
정보보호 정책 개념	정보보호를 위한 관리방향과 최고경영자의 지지를 제공하기 위한 정책 어떤 조직의 기수로가 정보자산에 접근하려는 사람이 따라야 하는 규칙의 형식적인 진술 조직의 정보보호에 대한 방향,전략 그리고 정보보호 프로그램을 제시하는 매우 중요한 기반 문서 정보보호 정책문서는 조직내의 모든 정보보호 관련 문서들 중 최상위 등급에 위치
정보보호 정책 요건	정책은 간결하고 명확하며 정보보호의 목표와 방침을 포함해야 함 정책에 영향을 받는 인력들에게 해당 정책에 대해 충분한 설명이 필요 정책의 의도를 이해할 수 있도록 관련 교육 및 훈련이 필요 정책의 범위에 해당하는 모든 대상은 정책의 내용을 쉽게 이해할 수 있도록 난해한 표현들은 삼가
정보보호 정책 주요 내용	정보보호의 정의,전체적인 목적과 범위,정보보호의 중요성 정보보호의 목표와 원칙을 지원하는 관리자(최고경영자)의 의지 조직에 있어 특별히 중요한 사항을 위한 정책,원칙,기준,요구사항에 대한 간략한 설명 정보보호 관리에 대한 일반적, 세부적인 책임의 정의 정보보호 정책을 지원하는 참고자료
정보보호 정책 유형	하향식 정책 : 기업차원의 정책으로부터 하위 수준의 정책을 도출하는 방식은 전사적으로 일관성을 유지할 수 있음 상향식 정책 : 기업차원의 정책은 차후에 기존의 운영정책들을 종합하여 수립되며 정책 간의 불일치와 모순이 발생할 여지가 있음

3) 정보보호 목표

구분	내용
기밀성	– 비인가된 개인, 단체로부터 중요한 정보를 보호한다는 것 – 정보 소유자의 인가를 받은 사람만이 정보 접근 가능함 – 공개로부터의 보호 (보안성, 비밀성, 내밀성)
무결성	– 정보의 저장과 전달 시 비인가된 방식으로 정보가 변경, 파괴되지 않도록 정확성과 완전성을 보호하는 것 – 변조로부터의 보호
가용성	– 인가된 사용자가 정보나 서비스를 요구할 때 언제든지 즉시 사용 가능하도록 하는 것 – 파괴, 지체로부터의 보호
책임추적성	– 각 개체의 행위를 유일하게 추적할 수 있음을 보장하는 것
인증성	– 어떤 주체나 객체가 틀림없음을 보장할 수 있는 것
신뢰성	– 의도된 행위에 대한 결과의 일관성

4) 정보보호 통제

구분		내용
수행시점	예방통제	– 오류나 부정이 발생하는 것을 예방할 목적으로 행사하는 통제로 물리적 통제란 관계자 이외의 사람이 특정 시설이나 설비에 접근할 수 없게하는 각종의 통제임 – 논리적 통제란 승인을 받지 못한 사람이 정보통신망을 통하여 자산에 대한 접근을 막기위한 통제임
	탐지통제	– 발생가능한 모든 유형의 오류나 악의적 행위를 예측하고 이에 대한 예방책을 마련함 예방통제로만 완전히 막을 수 없고 예방통제를 우회하여 발생한 문제점들을 찾아내기 위한 통제가 필요함. 불법적인 접근시도를 발견해내기 위한 접근 위반 로그
	교정통제	– 탐지통제를 통해 발견된 문제들을 해결하기 위한 별도의 조치이며 문제의 발생 원인과 영향을 분석하고 이를 교정하기 위한 조치가 취해져야 하며 문제의 향후 발생을 최소화하여 시스템을 변경하는 등의 일련의 활동을 교정통제라함 – 예기치 못하였던 시스템 중단이 발생할 경우 어떻게 재실행해야 하는지를 규정한 절차,백업과 복구를 위한 절차 그리고 비상사태에 대한 대처 계획등이 포함됨. 데이터 파일이 복구를 위해 사용되는 트랜잭션 로그
구현방시		하드웨어 통제, 소프트웨어 통지
구체성		일반통제, 응용통제(입력,처리,출력통제)

5) 정보보호관리체계(Information Security Management System)

구분	내용	
KISA	목적	조직 정보보호의 근간으로 정보보 대상이 되는 자산의 식별,위험평가 및 위험관리 방법과 그 구현을 위한 정보보호관리 활동전체 체계를 의미하며 정보자산의 안전,신뢰성 향상,정보보호관리에 대한 인식제고,조직의 정보보호 역량 강화를 통한 국각 주요 정보통신 기반 시설의 보호 및 국제적 신뢰도 향상,정보보호서비스 산업의 활성화를 목적으로 함
	인증단계	정보보호정책정의–ISMS 범위정의–위험평가수행–위험관리–통제목적과 구현되는 통제방안 선택–적용보고서 작성
	인증기준	정보보호 정책 및 조직,외부자보안,정보자산분류,정보보호 교육 및 훈련,인적/물리적 보안,시스템 개발 보안, 암호통제, 접근통제, 운영관리, 전자거래 보안,보안사고 관리,검토 및 모니터링 및 감사,업무영속성 관리
ISO 27001	정보보호관리체계(ISMS : Information Security Management System)은 기업의 정보자산을 평가, 취약점을 도출하여 사업수행에 미치는 영향을 최소화하기 위한 정보 보안 경영 시스템 ① 계획(Plan) : 보안 위협을 관리하고 정보보호를 위한 보안정책을 수립한다. ② 수행(Do) : 수립된 보안 정책을 현재 업무에 적용한다. ③ 점검(Check) : 적용된 정책이 실제로 잘 운용되고 있는지 확인한다. ④ Act : 지속적인 ISMS 향상을 위해서 내부감사 및 관리점검 또는 기타 관련정보에 근거하여 수정 및 예방활동 실시	

6) 정보보호시스템 공통평가기준 (Common Criteria)

구분	내용
Part 1	소개 및 일반 모델 : 공통 평가기준에 대한 소개, IT보안성 평가의 원칙과 일반개념을 정의하고 평가의 보편적인 모델을 제시
Part 2	보안기능 요구사항 : TOE에 대한 기본적인 기능 요구사항을 정립하는 표준이 될 수 있는 기능 컴포넌트의 집합으로 구성 및 분류되며, 패밀리 및 클래스로 구성 (식별 및 인증,암호지원,보안감사,안전한 경로 및 채널,통신,보안기능의 보호,자원활용,사용자 정보보호,프라이버시,보안관리)
Part 3	보증 요구사항 : TOE에 대한 기본적인 기능요구사항을 정립하는 표준이 될 수 있는 보증 컴포넌트의 집합으로 구성 및 분류되며, 패밀리 및 클래스로 구성 (생명주기,개발,형상관리,시험,배포 및 운영,보호프로파일,보안목표명세서,취약성평가,보증유지)

6-1) Part 2 : 보안기능요구사항

구분	내용
보안감사 클래스	– 보안감사 클래스는 보안관련 행동과 관련된 정보의 인식, 기록, 저장, 분석과 관련된 기능요구사항을 기술하고 있으며 감사데이터 생성/분석/검토, 감사사건 선택 기능 등으로 구성
통신 클래스	– 통신 클래스는 정보의 발신자가 메시지의 발신을 부인할 수 없고 수신자도 수신 사실을 부인할 수 없도록 보장하는 기능요구사항을 기술하고 있으며 발신 부인방지, 수신 부인방지 기능으로 구성
암호지원 클래스	– 암호지원 클래스는 보안목적을 만족하기 위해 암호기능을 구현할 경우 필요한 기능요구사항을 기술하고 있으며 암호키 관리, 암호 연산 기능으로 구성
사용자데이터 보호 클래스	– 사용자데이터 보호 클래스는 사용자 데이터와 직접적으로 관련된 보안속성 뿐만 아니라 유입, 유출, 저장 시의 사용자 데이터의 보호에 필요한 기능요구사항을 기술하고 있으며 접근통제, 정보흐름통제, 저장데이터 무결성 기능 등으로 구성
식별 및 인증 클래스	– 식별 및 인증 클래스는 요청된 사용자의 신원을 설정하고 증명하기 위한 기능요구사항을 기술하고 있으며 사용자 식별, 사용자 인증 기능 등으로 구성
보안관리 클래스	– 보안관리 클래스는 보안속성, TSF(TOE 보안기능) 데이터, TSF 기능 등의 관리에 필요한 기능요구사항을 기술하고 있으며 TSF 기능 관리, 보안속성 관리, TSF데이터 관리 기능 등으로 구성
프라이버시 클래스	– 프라이버시 클래스는 다른 사용자에 의해 신원이 발견되고 오용되는 것으로부터 사용자를 보호하기 위한 기능요구사항을 기술하고 있으며 익명성, 가명성 기능 등으로 구성
TSF (TOE Security Functionality 보호 클래스	– TSF 보호 클래스는 보안기능을 제공하는 메커니즘의 무결성과 관리, TSF 데이터의 무결성과 관련된 기능요구사항을 기술하고 있으며 하부 추상기계 시험, 안전한 복구, TSF 자체시험 기능 등으로 구성
자원활용 클래스	– 자원활용 클래스는 저장 용량과 같은 요구된 자원의 가용성과 관련된 기능요구사항을 기술하고 있으며 오류에 대한 내성, 자원사용 우선순위 기능 등으로 구성
TOE 접근 클래스	– TOE 접근 클래스는 사용자의 세션 설정을 통제하기 위한 기능요구사항을 기술하고 있으며 동시 세션수의 제한, 세션 잠금 기능 등으로 구성
안전한 경로/ 채널 클래스	– 안전한 경로/채널 클래스는 사용자와 TSF간의 신뢰된 통신 경로와 TSF와 다른 신뢰된 IT 제품간의 신뢰된 통신 채널과 관련된 기능요구사항을 기술하고 있으며 TSF간 안전한 채널, 안전한 경로 기능으로 구성

6-2) Part 3 : 보증요구사항

구분	내용
보호프로파일 클래스	– 보호프로파일은 동일한 유형의 제품이나 시스템에 적용할 수 있는 일반적인 보안기능요구사항 및 보증요구사항을 정의한 것으로써 보호프로파일 소개, TOE(평가 대상) 설명, TOE 보안환경, 보안목적, IT 보안요구사항, 이론적 근거로 구성되어 있음 – 보호프로파일 클래스는 이러한 보호프로파일의 각 구성요소 별로 포함되어야 할 요구사항을 기술
보안목표명세서 클래스	– 보안목표명세서는 특정 제품이나 시스템에 적용할 수 있는 보안기능요구사항 및 보증요구사항을 정의하고, 요구사항을 구현할 수 있는 보안기능 및 보증수단을 정의한 것으로써 보안목표명세서 소개, TOE 설명, TOE 보안환경, 보안목적, IT보안요구사항, TOE 요약명세, 보호프로파일 수용, 이론적 근거로 구성되어 있음 – 보안목표명세서 클래스는 이러한 보안목표명세서의 각 구성요소 별로 포함되어야 할 요구사항을 기술
형상관리 클래스	– 형상관리 클래스는 TOE 및 다른 관련 정보를 세분화하고 변경하는 과정에서 규칙적이고 체계적인 관리를 통해 TOE의 무결성이 유지됨을 보장하는데 필요한 보증요구사항을 기술하고 있으며 형상관리 자동화, 형상관리 능력 등으로 구성
배포 및 운영 클래스	– 배포 및 운영 클래스는 TOE의 안전한 배포, 운영에 대한 대책, 절차, 표준에 대한 보증요구사항을 기술하고 있으며 배포, 설치/생성/시동으로 구성
개발 클래스	– 개발 클래스는 TOE 보안기능을 보안목표명세서의 TOE 요약명세 단계부터 실제구현 단계까지 단계적으로 세분화하기 위한 보증요구사항을 기술하고 있으며 기능명세, 기본설계, 상세설계 등으로 구성
설명서 클래스	– 설명서 클래스는 개발자가 제공한 운영 문서의 이해 용이성, 범위, 완전성과 관련된 보증요구사항을 기술하고 있으며 관리자설명서, 사용자설명서로 구성
생명주기 지원 클래스	– 생명주기 지원 클래스는 결함교정 절차 및 정책, 도구와 기법의 정확한 이용, 개발환경을 보호하기 위해 사용되는 보안대책 등을 포함한 제품 개발의 모든 단계에 대해 잘 정의된 생명주기 모델을 채택하기 위한 보증요구사항을 기술하고 있으며 개발보안, 결함교정, 생명주기 정의 등으로 구성
시험 클래스	– 시험 클래스는 TOE 보안기능이 보안기능요구사항을 만족함을 입증하기 위한 보증요구사항을 기술하고 있으며 시험 범위, 시험 상세 수준, 기능 시험 등으로 구성
취약성 평가 클래스	– 취약성 평가 클래스는 TOE의 구조, 운영, 오용, 부정확한 환경설정 등으로 초래되는 악용 가능한 취약성을 식별하기 위한 보증요구사항을 기술하고 있으며 비밀 채널 분석, 오용, 취약성 분석 등으로 구성

6-3) 평가보증등급(EAL: Evaluation Assurance Level)

구분	내용
EAL1	– EAL1은 정확한 운영에 대한 신뢰가 어느 정도 요구되지만, 보안에 대한 위협이 심각하지 않은 경우에 적용

구분	내용
EAL1	– EAL1은 보안행동을 이해하기 위하여 기능명세,인터페이스 명세, 설명서를 이용하여 보안기능을 분석함으로써 기초적인 수준의 보증을 제공함(기능적으로 시험된) – Functionally Tested
EAL2	– EAL2는 설계 정보와 시험 결과를 제출하기 위하여 개발자의 협력을 필요로 하지만, 견실한 상업적 방법론을 따르는 것 이상의 개발자의 노력을 요구하지는 않음 – EAL2는 보안행동을 이해하기 위하여 기능명세, 인터페이스 명세, 설명서,TOE에 대한 기본설계를 이용하여 보안기능을 분석함으로써 보증을 제공함 – 개발자의 시험, 취약성 분석, 보다 상세한 TOE 명세에 기반한 독립적인 시험을 요구함으로써 EAL1보다 높은 보증을 제공함(구조적으로 시험된) – Structurally Tested
EAL3	– EAL3은 개발자가 설계 단계에서 기존 개발 방법론의 많은 변경 없이 실용적인 보안공학을 적용하여 최대한의 보증을 얻을 수 있도록 함 – EAL3은 보안행동을 이해하기 위하여 기능명세, 인터페이스 명세, 설명서, TOE에 대한 기본설계를 이용하여 보안기능을 분석함으로써 보증을 제공함 – 보다 완전한 범위의 보안기능 시험, TOE가 개발과정에서 변경되지 않도록 하는 메커니즘 또는 절차를 요구함으로써 EAL2보다 높은 보증을 제공함(방법론적으로 시험되고 검사된) – Methodically tested and checked
EAL4	– EAL4는 개발자가 견실한 상업적 개발 방법론에 기반한 실용적인 보안공학으로부터 최대한의 보증을 얻을 수 있도록 하며 견실한 상업적 개발 방법론은 엄밀하지만, 방대한 전문지식, 기술, 기타 자원들을 요구하지 않는 것을 함 – EAL4는 보안행동을 이해하기 위하여 기능명세, 완전한 인터페이스 명세, 설명서, TOE에 대한 기본설계 및 상세설계, TSF 일부에 대한 구현의 표현을 이용하여 보안기능을 분석하며 TOE 보안정책의 비정형화된 모델을 통하여 보증을 제공함 – 더 많은 설계 설명, TSF 일부에 대한 구현의 표현, TOE가 개발과정에서 변경되지 않도록 하는 개선된 메커니즘 또는 절차를 요구함으로써 EAL3보다 높은 보증을 제공함(방법론적으로 디자인되고 시험되고 검토된) – Methodically designed and tested, and reviewed
EAL5	– EAL5는 개발자가 엄격한 상업적 개발 방법론에 기반한 보안공학으로부터 최대한의 보증을 얻을 수 있도록 하며 엄격한 상업적 개발 방법론이란 전문적인 보안공학 기법을 완화시켜 응용하는 것을 의미함 – TOE에 대한 기본설계 및 상세설계,구현의 전부를 이용하여 보안기능을 분석하고 TOE 보안정책의 정형화된 모델,기능명세 및 기본설계의 준정형화된 표현, 그들간의 준정형화된 일치성 입증을 통하여 보증을 제공함 – 준정형화된 설계 설명,완전한 구현, 보다 구조화된 구조, 비밀 채널 분석, TOE가 개발과정에서 변경되지 않도록 하는 개선된 메커니즘 또는 절차를 요구함으로써 EAL4보다 높은 보증을 제공함 (반정형적으로 디자인되고 시험된) – Semi-formally designed and tested
EAL6	– EAL6은 개발자가 심각한 위험으로부터 높은 가치의 자산을 보호하기 위한 최상의 TOE를 생산하기 위하여 엄격한 개발환경에서 보안공학 기법을 응용하여 얻을 수 있는 높은 보증을 제공함 – TOE에 대한 기본설계 및 상세설계, 구현의구조화된 표현을 이용하여 보안기능을 분석하고 TOE 보안정책의 정형화된 모델,기능명세, 기본설계, 상세설계의 준정형화된 표현, 그들간의 준정형화된 일치성 입증을 통하여 보증을 제공함

구분	내용
EAL6	− 보다 포괄적인 분석, 구조화된 구현의 표현, 보다 체계적인 구조, 보다 포괄적이고 독립적인 취약성 분석, 체계적인 비밀 채널 식별, 개선된 형상관리와 개발환경 통제 등을 요구함으로써 EAL5보다 높은 보증을 제공함(반정형적으로 검증된 디자인되며 시험된) − Semi-formally verified design and tested
EAL7	− EAL7은 극도로 높은 위험 상황이나 자산의 가치가 높아서 많은 비용을 정당화할 수 있는 상황에서 사용하기 위한 보안 TOE의 개발에 적용 가능함 − TOE에 대한 기본설계 및 상세설계, 구현의 구조화된 표현을 이용하여 보안기능을 분석하고 TOE 보안정책의 정형화된 모델,기능명세 및 기본설계의 정형화된 표현, 상세설계의 준정형화된 표현, 그들간의 적절한 정형 및 준정형화된 일치성 입증을 통하여 보증을 제공함 − 정형화된 표현, 정형화된 일치성 입증, 포괄적인 시험을 이용한 포괄적인 분석을 요구함으로써 EAL6보다 높은 보증을 제공함(정형적으로 검증된 디자인되며 시험된) − Formally verified design and tested

7) OECD 정보보호 가이드라인

구분	내용
인식	참여자들은 시스템과 네트워크 보호의 필요성과 그 안전성을 향상시키기 위하여 취할 수 있는 사항을 알고 있어야 함
책임	모든 참여자들은 시스템과 네트워크의 보호에 책임이 있음
대응	참여자들은 정보보호 사고를 예방,탐지,대응하기 위해서 적기에 협력해서 행동해야 함
윤리	참여자들은 타인의 적법한 이익을 존중해야 함
민주성	시스템과 네트워크의 보호는 민주주의 사회의 근본적인 가치들에 부합하여야 함
위험평가	참여자들은 위험평가를 시행해야 함
정보보호 설계와 이행	참여자들은 정보보호를 시스템과 네트워크의 핵심요소로 수용하여야 함
정보보호관리	참여자들은 정보보호관리에 대해 포괄적인 접근방식을 채택해야 함
재평가	참여자들은 시스템과 네트워크 보호를 검토하고 재평가하여 정보보호 정책,관해으조치,절차를 적절히 수행하여야 함

보안정책(정보보호정책, Security Policy)을 설명한 내용 중 **틀린** 것은?

① 보안정책은 정보자산에 영향을 줄 수 있는 불확실한 사건들을 식별, 통제 또는 최소화 하기 위한 것을 문서로 기술해 놓은 것이다.
② 보안정책은 조직에서 정보자산을 안전하게 보호하고 효율적으로 사용하기 위해서 우선적으로 수립되어야 한다.
③ 보안정책은 환경의 변화나 새로운 위협이 발생하였을 경우, 또는 주기적인 위험분석을 통해 갱신된다.
④ 새롭게 제정 또는 개정되는 보안정책은 기존의 상위 정책이나 규칙, 법령 등과 부합되어야 한다.

● 해설 : ①번

불확실한 사건들을 식별, 통제 또는 최소화 하기 위한 것을 문서로 기술해 놓은 것은 위험 식별에 관한 내용이며 정보보안정책은 포괄적이고 개괄적인 내용으로 정책에 대한 설명과 정책위반, 책임 등에 대해 규정하고 있음.

● 관련지식 ●

• **보안정책의 개념**
  정보보호 정책인 최상위 정책, 표준, 지침, 절차의 계층 순으로 구성되며 하위 문서가 상위문서를 위배하지 않아야 함.
  1) 정보보호 정책은 정보보호의 목적과 범위를 정의하는 정보보호의 최상위 문서이며 반드시 충족해야 할 특정 요구사항 또는 규칙에 대한 윤곽을 명시한 문서이고, 최고 경영자에 의해 생성된 상위 요구사항이며 사내의 중요한 정보를 보호하고 관리 및 배호하기 위한 방법을 규정하고 있음.
  2) 포괄적이고 일반적이며 개괄적인 내용임.
  3) 정책은 문서화되고 교육 되어야 법적 보호를 받으며 실제 정책을 시행하더라도 공식적으로 문서화 되지 않으면 법률 상의 문제 발생 시 법석 인성을 받지 못함.
  4) 일반적으로 다년간의 유효기간 (통상 5년) 이 있으며 기술이 수시로 변화되면 변할 수 있음
  5) 보안정책에 포함되는 내용으로 범위 및 책임을 정의하는 정책설명서, 허가된 접속과 장비 사용, 장비 사용금지, 시스템관리, 정책위반, 정책 검토 및 변경, 책임의 제한 등에 대한 내용을 포함 함.

다음 중 정보보호에 대한 일반적인 원칙이 <u>아닌 것은?</u>

> 가. 정보보호의 궁극적인 목적은 완벽한 정보보호 시스템을 구축하는 것 이다.
> 나. 정보보호는 조직문화에 의해 제한을 받는다.
> 다. 정보보호는 포괄적이고 통합적인 접근방법으로 접근해야 한다.
> 라. 정보보호는 조직의 관리활동에 있어 적절한 주의 의무(due care)에 포함되어야 한다.
> 마. 외부위탁으로 수행되는 정보서비스에 대한 정보보호의 궁극적인 책임은 위탁서비스 제공업체에 있다.

① 가, 나
② 가, 라
③ 나, 마
④ 가, 마

● 해설 : ④번

정보보호의 궁극적인 목적은 고객의 자산을 보호하고 허용가능한 위험수준까지 낮추는 것이며 외부위탁으로 수행되는 정보서비스에 대한 정보보호의 궁극적인 책임은 위탁서비스 사용업체에 있음.

● 관련지식 ●●●

• 정보보호의 목적
  – 정보보호의 궁극적인 목적은 고객의 자산을 보호하고 허용가능한 위험수준까지 낮추는 것이고 외부위탁으로 수행되는 정보서비스에 대한 정보보호의 궁극적인 책임은 위탁서비스 사용업체에 있음.
  – 정보보호는 조직문화에 의해 제한을 받고 정보보호는 포괄적이고 통합적인 접근방법으로 접근되어야 하며 정보보호는 조직의 관리활동에 있어 적절한 주의 의무(due care)에 포함되어야 함.

다음 중 정보보호관리 핵심성공요인과 <u>가장 거리가 먼</u> 것은?

① 비즈니스 목적 및 요구사항과 연계
② 정책/ 표준 /지침/절차의 문서화와 최신 정보보호 제품 구축
③ 정보보호 위험과 조직의 정보보호 수준 이해
④ 최고경영층의 의지와 가시적 지원

● 해설 : ②번

보안 정책과 경영 목적의 일치, 보안 정책의 법적 준수, 보안 정책과 조직문화의 일치, 보안 정책의 가독성 및 명료성 등이 정보보호 관리의 핵심 성공요인임.

● 관련지식 •••

• 프로세스별 핵심 성공 요인

구분	내용
보안 정책 및 조직	보안 정책과 경영 목적의 일치 보안 정책의 법적 준수 보안 정책과 조직 문화의 일치 보안 정책의 가독성 및 명료성 보안 정책의 현행화 보안 정책의 인지 조직에 맞는 보안 인력의 구성 최고경영자의 지원과 승인
자산 식별 및 가치 평가	정확한 자산 식별 적절한 자산 가치 평가
위협 평가	위협의 식별 위협의 평가
취약성 평가	취약성 식별 취약성 평가
위험 평가	위험 시나리오의 작성 위험 시나리오의 평가 위험 우선순위 결정
보안 구현 계획 수립	가능한 보안 대책 및 기존 보안 대책의 식별 보안 대책의 평가 적절한 보안 대책의 선택 보안 구현 계획의 수립 및 승인

다음은 무엇에 대한 설명인가?

> 데이터가 송신된 그대로 수신자에게 도착해야 한다는 것을 의미하고, 전송 중 데이터에 대한 고의적 또는 악의적인 변경이 없었다는 것을 의미한다.

① 기밀성(Confidentiality)
② 인증(Authentication)
③ 무결성(Integrity)
④ 부인방지(Non—Repudiation)

● 해설 : ③번

암호화가 제공하는 보안 서비스 중 무결성에 대한 설명임.

● 관련지식 ‧‧

• 보안 서비스의 유형

구분	내용
기밀성	– 네트워크상에서 노출로부터 보호하는 서비스 – 메시지 내용공개, 트래픽 흐름분석, 도청으로부터 전송 메시지 보호
무결성	– 주고 받는 메시지의 정확성 및 변경 여부를 확인하기 위한 서비스 – 해쉬 함수, 디지털 서명, 암호 알고리즘 이용
인증	– 정보 및 시스템의 자원을 사용하는 정당한 사용자임을 확인 – 연결된 송수신자 확인, 제 3자의 위장 확인
부인봉쇄	– 송수신자가 송수신 사실에 대한 부인을 하지 못하게 하는 것 – 송신자 부인 봉쇄, 수신자 부인봉쇄, 배달 증명, 의뢰증명
접근 제어	– 사용자가 시스템 혹은 특정 자원에 접근 하고자 할 때 인가받은 사용자만 접근을 허락하도록 제어하는 서비스
가용성	– 컴퓨터 시스템이 인가 당사자가 필요로 할 때 이용할 수 있게 하는 서비스

정보보호 정책, 표준, 지침, 절차에 대한 설명 중 맞는 것은?

① 정책(Policy) : 정보보호를 위해 반드시 준수해야 할 구체적인 사항이나 양식을 규정
② 표준(Standard) : 정보보호에 대한 상위 수준의 목표 및 방향제시
③ 지침(Guidelines) : 선택 가능하거나 권고적인 내용이며, 융통성 있게 적용할 수 있는 사항 설명
④ 절차(Procedures) : 정보보호 정책에 따라 특정시스템에 필요하거나 도움이 되는 세부 정보 설명

● 해설 : ③번

정책은 정보보호에 대한 상위 수준의 목표 및 방향을 제시하고 표준은 반드시 준수해야 할 구체적인 사항이나 양식을 의미함.

● 관련지식 ●●

• 정보보호관련 개념

구분	내용
보안 정책(Policy)	– 조직 구성원 모두의 가치 판단의 기준을 구성하고 경영진의 목표를 공유할 수 있도록 함. 개인의 책임과 책임 추적성을 제공 – 조직에서 정보자산을 안전하게 보호하고 효율적으로 사용하기 위해서 우선적으로 수립 – 환경의 변화나 새로운 위협이 발생하였을 경우, 또는 주기적인 위험분석을 통해 갱신.새롭게 제정 또는 개정되는 보안정책은 기존의 상위 정책이나 규칙, 법령 등과 부합되어야 함
절차(Procedure)	– 정책이 어떻게 구현되며, 누가 무엇을 하는지 기술 – 이해 관계자와 정책의 준수에 관해 커뮤니케이션 수행 절차를 문서화
표준(Standards)	– 정책은 대상을 정의, 표준은 요구사항을 정의 – 표준은 보안통제를 위해 조직이 선택한 H/W, S/W 보안 메커니즘 – 표준은 정책의 요구사항을 충족시키는 기술적 스펙을 제공 – 정책을 어떻게 달성할지, 기술을 어떻게 배치해야 할지 기술
기준선(Baseline)	– 소식 선반에 걸쳐 보안패키지(H/W, S/W 구성)를 일관성 있게 구현하는 방법 제공 – 보안 통제를 주기적으로 테스트함으로써 기준선이 준수되고 있음을 확인 – 기준선 그 자체도 최신의 위협/취약점에 대응할 수 있는지 주기적으로 점검

구분	내용
지침(Guide Lines)	– 선택 가능하거나 권고적인 내용이며, 융통성 있게 적용할 수 있는 사항 설명
Due Care	– 정책,표준,가이드 등으로 위험으로부터 보호
Due diligence	– 합당한 수준의 관리와 의무라는 선을 그어놓고 그 선에 미치지 못했느냐 충분히 도달했느냐를 가지고 과실여부를 따지게 되는데 기준이 되는 선을 지키는 성의
준거성 테스트	– 프로세스 기준 준수
실증성 테스트	– 감사 증적 확보를 위해 수행

2008년 93번

일반적으로 정보 보안관리 지침에서 필수적으로 포함되어야 할 내용들을 선택하시오.(2개 선택)

① 사회공학적 침입 수법   ② 보안관리 영역 및 책임 명시
③ 보안사고 대응 및 처리 방법   ④ 최근에 공격된 주요 포트 목록

● 해설 : ②, ③번

사회공학적 침입수법 및 최근에 공격된 주요 포트 목록은 상위수준의 정보 보안관리 지침에 포함되기 보다는 매뉴얼이나 보고서에 포함될 사항임.

● 관련지식 ••

• 정보 보안 관련 지침

구분	내용
정보보호지침 (정보통신망 이용촉진 및 정보보호 법률)	정보통신망의 안정성 확보를 위한 정보보호지침의 포함사항(정보통신망 이용촉진 및 정보보호 등에 관한 법률) 근거 정보보호지침의 주요 내용 1) 정당한 권한이 없는 자가 정보통신망에 접근, 침입하는 것을 방지하거나 대응하기 위한 정보보호시스템의 설치, 운영 등 기술적·물리적 보호 조치 2) 정보의 불법 유출·변조·삭제 등을 방지하기 위한 기술적 보호조치 3) 정보통신망의 지속적인 이용이 가능한 상태를 위한 기술적·물리적 보호 조치 4) 정보통신망의 안정 및 정보보호를 위한 인력·조직·경비의 확보 및 관련 계획수립 등 관리적 보호조치
정보보호지침 (정보통신기반 보호법)	정보통신기반 보호법의 주요정보통신기반시설 보호지침의 포함사항 1) 정보보호체계의 관리 및 운영 2) 취약점 분석·평가 및 침해사고 예방 3) 침해사고에 대한 대응 및 복구

다음 정보자산 관리에 대한 설명 중 틀린 것은?

① 조사된 정보자산은 소유자, 관리자, 사용자가 확인되어야 한다.
② 정보자산의 적절한 통제 유지를 위해 책임 소재를 명확히 하여야 한다.
③ 정보자산의 가치와 회사에 미치는 영향을 고려하여 분류하여야 한다.
④ 중요도가 높은 정보자산은 별도의 식별표시를 하고, 중요도가 낮은 것은 식별표시 없이 관리한다.

● 해설 : ④번

정보자산은 적절한 통제 유지를 위해 중요도별로 모두 식별표시를 해야 함.

● 관련지식 ●●

• 정보자산관리
조직의 자산을 파악하고 자산의 가치 및 중요도를 산출하여 IT자산이 조직에 미치는 영향을 파악하는 작업으로 정확한 자산 분석은 대내.대외적 위험이 조직의 정보시스템에 미치는 영향을 파악하고 이에 대한 대책을 수립할 수 있게 하며, 크게 자산분류와 자산 평가 두 단계로 이루어짐.

구분	내용
자산 분류	조직의 운영. 경영에 중요한 영향을 미치는 다양한 IT자산을 식별하고 분류하는 작업으로,IT자산에 관한 적절한 관리는 조직의 자산을 적절하게 보호하는데 필수적인 과정
자산평가	– 자산의 중요도를 파악하고 위험이 발생할 경우 피해를 측정하기 위한 정보를 얻기위해 대상 자산의 가치를 정량적 또는 정성적인 방법으로 평가하는 과정 – 자산평가방법 ① 정량적 평가 : 평가 대상 자산의 화폐 가치 산정이 가능한 경우에 사용되며 자산 도입 비용기준, 자산 복구 비용기준, 자산 교체 비용기준을 적용 ② 정성적 평가 : 평가 대상 자산의 화폐 가치 산정이 어려운 경우에 사용되며, 기밀성, 무결성, 가용성 등의 관점에서 평가

「정보보호관리체계 인증 등에 관한 고시(방송통신위원회, 제2009회 11호)」 에서 정하고 있는 정보보호관리체계(ISMS)의 정보보호관리과정 5단계 활동으로 올바른 것은?

① 정보보호정책 수립 – 정보보호관리체계 범위 설정 – 위험관리 – 구현 – 사후관리
② 정보부호관리체계 범위 설정 – 정보보호징책 수립 – 구현 – 위험관리 – 사후관리
③ 정보보호관리체계 범위 설정 – 정보보호정책 수립 – 위험관리 – 구현 – 사후관리
④ 정보보호정책 수립 – 정보보호관리체계 범위 설정 구현 – 위험관리– 사후관리

● 해설 : ①번

KISA ISMS는 정보보호 정책 수립, 범위설정, 위험관리, 구현, 사후관리의 5단계로 구성됨.

● 관련지식 ●

• KISA ISMS 인증

구분		내용
KISA ISMS	목적	조직 정보보호의 근간으로 정보보 대상이 되는 자산의 식별,위험평가 및 위험관리 방법과 그 구현을 위한 정보보호관리 활동전체 체계를 의미하며 정보자산의 안전,신뢰성 향상,정보보호관리에 대한 인식제고,조직의 정보보호 역량 강화를 통한 국각 주요 정보통신 기반 시설의 보호 및 국제적 신뢰도 향상,정보보호서비스 산업의 활성화를 목적으로 함
	인증단계	정보보호정책정의–ISMS 범위정의–위험평가수행–위험관리–통제목적과 구현되는 통제방안 선택–적용보고서 작성
	인증기준	정보보호 정책 및 조직,외부자보안,정보자산분류,정보보호 교육 및 훈련,인적/물리적 보안,시스템 개발 보안, 암호통제, 접근통제, 운영관리, 전자거래 보안,보안 사고 관리,검토 및 모니터링 및 감사,업무영속성 관리

다음 중 보안 프레임워크로서 ISO27001에서 제시하는 PDCA 모델에 대한 설명에 해당하지 않는 것은?

① 계획(Plan) : 보안 위협을 관리하고 정보보호를 위한 보안정책을 수립한다.
② 수행(Do) : 수립된 보안 정책을 현재 업무에 적용한다.
③ 점검(Check) : 적용된 정책이 실제로 잘 운용되고 있는지 확인한다.
④ 감사(Audit) : 정보보안의 상태를 확인하고 통제한다.

● 해설 : ④번

ISO 27001은 Plan, Do, Check, Act의 데밍 사이클로 구성됨.

● 관련지식 ●

• ISO 27001
 – ISO/IEC 27001 이란 정보보안 경영을 위한 표준으로서 영국에서 제정된 기존 BS7799를 기반으로 2005년10월 국제표준화기구인 ISO 에서 국제표준으로 채택 적용하고 있으며 ISO17799:2000 국제표준인 Information Technology에 관한 시스템 실행지침(Code of practice for information)과 ISO/IEC 27001:2005(Specification for information security management system) 인증표준으로 구성되어 있음.
 – 조직이나 기업이 ISMS 를 수립하여 이행하고 감시 및 검토,유지,개선하기 위해 필요한 요구사항을 명시한 국제표준으로서 plan,do,check,act 모델을 채택하여 ISMS 실행을 위한 Framework 제공

구분	내용
Plan	조직전체의 정책 및 목표에 부합하는 결과를 만들 수 있도록 위험을 관리하고 정보보호를 향상시키는 것에 관련된 ISMS 정책,목표,프로세스 및 단위절차 수립
Do	ISMS 정책,통제,프로세스 및 단위절차를 구현하고 운영
Check	ISMS 정책,목표 및 적용에 대한 성과를 측정 및 평가하고 보고
Act	지속적인 ISMS 향상을 위해서 내부감사 및 관리점검 또는 기타 관련정보에 근거하여 수정 및 예방활동 실시

2010년 105번

사용자가 직접 객체에 접근할 수 없고 프로그램을 통해서만 객체에 접근할 수 있게 하는 보안 모델은?

① Clark-Wilson 모델
② Biba 모델
③ Bell-LaPadula 모델
④ 모두 정답

● 해설 : ①번

Bell-LaPadula와 Biba와 함께 대표적인 접근제어 모델로 알려진 Clark-Wilson 모델은 직무분리와 강제적 무결성 정책 매커니즘을 사용하며 프로그램을 통해서만 객체에 접근 가능한 모델임.

● 관련지식 ●●

Clark-Wilson 모델은 1987년 실세계 상용 환경에서 사용하기 위한 프레임워크로 내 외부 일치성, 직무분리, 강제적 무결성 정책 매커니즘을 사용하며 무결성 레이블이 필요함.

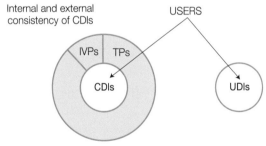

구분	내용
TP (Transformation Procedure)	잘 구성된 트랜잭션(well-formed transactions)을 통해 CDI를 조작 하여 무결성상태에서 다른 무결성 상태로 변환
CDI(Constrained Data Item)	무결성 보존 데이터 항목
UDI (Unconstrained Data Itom)	무결성 비보존 데이터 링록
IVP (Integrity Verification Procedure)	주기적으로 모든 CDI와 외부현실과의 일관성 확인

2010년 114번

다음 중 정보보호관리체계 인증(ISMS)에서 심사기준(통제분야 대분류)에 포함되지 않는 항목은?

① 정보보호 관리과정   ② 문서화
③ 정보보호 대책   ④ 정보보호 예산 규모

● 해설 : ④번

정보보호관리체계 인증은 5단계의 관리과정, 문서화, 정보보호대책의 3 요소로 구성됨.

● 관련지식 •••

• 정보보호관리체계 인증의 개요
  − 우리나라에서는 방송통신위원회에서 정보보호 프로세스 기반으로 기업의 정보를 체계적으로 관리할 수 있는 정보보호관리체계 인증제도를 2002년부터 '정보통신망 이용촉진 및 정보보호에 관한 법'(제47조)에 근거해 도입, 한국인터넷진흥원(KISA)을 통해 운영하고 있음.

  − 이 인증제도는 기업의 자율적 신청에 의해 자사가 구축, 운영하고 있는 정보보호관리체계가 법적 기준에 적합한지를 인증해 주는 제도로서 기업들이 인증을 받기 위해서는 정보보호관리체계 수립 · 운영을 위한 5단계 관리과정(정보보호정책수립 · 정보보호 관리체계 범위설정 · 위험관리 · 구현 · 사후관리), 문서화, 정보보호대책의 137개 인증기준에 대해 조직의 특성 및 환경에 부합하도록 정보보호관리체계를 수립 · 운영해야 함.
  − 인증기준은 ISO/IEC 27001 표준을 모두 포함하고 있으며 국내 상황에 맞도록 침해사고 예방, 암호화, 전자거래 등의 정보보호대책을 강화하고 있음.

다음은 어떤 보안 정책에 대한 설명이다. 가장 적절한 것은?

세금 고지 업무와 세금 수납 업무를 같은 사람에게 맡기지 않는다.

① 최소권한 정책　　　　② 권한 분산
③ 임무분리(직무분리)　　④ 권한 위임

● 해설 :　③번

　임무분리 또는 직무분리는 태만이나 권한남용에 대비한 보안정책임.

● 관련지식 ●●●

• 보안정책의 개념

구분	내용
최소권한정책 (Least Privilege Policy)	- 'Need-to-know 정책'에 기반을 둔 것이며 시스템 주체들에 대하여 자신들의 업무에 필요한 최소한의 권한만 부여
임무의 분리 (Separation of Duties)	- 'Need-to-Do 정책'에 기반을 둔 것이며 직무분리란 업무의 발생, 승인, 변경, 확인 그리고 배포 등이 모두 한 사람에 의해 처리될 수 없도록 하는 강제적인 보안 정책 - 직무분리로 인해서 조직 내의 사원들에 대한 태만, 의도적인 시스템과 자원에 대한 남용에 대한 위험과 경영자와 관리자의 실수와 권한의 남용에 대한 취약성을 줄일 수 있음
참조모니터 (Reference Monitor)	- 참조모니터는 비인가된 접속이나 불법 수정을 방지하기 위하여 주체와 객체 사이에서 비인가된 접속이나 불법적인 자료 변조를 막기 위하여 참조모니터 데이터베이스로부터 주체의 접근권한을 확인하기 위한 추상적인 장치

공통평가기준(Common Criteria)에서 정보보호 제품에 필요한 보안기능 및 보증 요구사항을 서술한 문서를 무엇이라고 부르는가?

① 보호프로파일(Protection Profile) ② 보안목표명세서(Security Target)
③ TOE(Target of Evaluation) ④ 패키지

● 해설 : ①, ②번

특정 제품관련 사항이 명시되었다면 2번만이 답이 될 수 있으나 지문은 해당 내용이 없으므로 ST(보안목표명세서)는 PP(보호프로파일)를 수용할 수 있으므로 1번과 2번이 모두 답이 될 수 있음.

● 관련지식 ●●

• Common Criteria
  CC에서는 평가대상 TOE 의 보안요구를 표현하는 수단으로 패키지, EAL 보호프로파일, 보안목표명세서 등과 같은 보안구조들을 사용하고 있음.

구분	내용
보호프로파일	– 정보제품이 갖추어야 할 공통적인 보안 요구사항들을 모아 놓은 것으로 새로 만들어진 보호프로파일은 기술적으로 안전하고 완전하며 실질적으로 보안 요구를 만족하는지가 검증되면 재사용이 가능하도록 보호프로파일 저장소(레파지토리)에 등록 및 관리됨 – 보호프로파일은 패키지 기능 및 보증 요구 컴포넌트 등의 집합으로 구성될 수 있으며 검증 등록된 보호프로파일은 보안목표명세서를 구성하는 입력 요소로 사용될 수 있음 PP는 상품의 ST(Security Target 아래에 설명)의 템플릿을 제공하기도 함 ST의 제작자는 최소한 모든 PP관련 요구사항들이 대상 ST 문서에 나타나는 것을 보장해야 함
보안목표명세서	– TOE의 보안 요구사항을 표현하기 위해 정의된 최상위 수준의 보안구조임 – 보안목표명세서는 하위 구조인 보호프로파일 기능패키지, EAL 기능 및 보증 컴포넌트 등의 집합으로 구성할 수 있음 – 보안목표명세서는 보호프로파일과 유사한 요소들로 구성되어 있지만 이외에도 TOE 요약, Specification, PP Claims, ST Rationale 등을 가지며 보안목표명세서에는 필요에 따라서 CC에 정의되지 않은 보안 요구를 포함할 수도 있음 – ST는 Vendor들이 자사상품에서 의도했던 기능에 정확히 일치하는 평가를 받도록 해주게 되는데, 네트워크 방화벽이 DBMS처럼 하나의 기능적 요구사항 목록만 가지고 평가되어서는 안되고, 실제로 방화벽마다 완전히 다른 요구사항 목록을 기준으로 평가되어야 한다는 것을 말함

S08. BCP

시험출제 요약정리

1) BCP (Business Continuity Management)의 개념

- 각종 재해 발생시 사업 연속성을 유지하기 위한 방법론으로 지진, 홍수, 천재지변 등의 재해발생 시 시스템의 복구, 데이터 복원과 같은 단순 복구차원이 아닌 기업 비즈니스 연속성을 보장할 수 있는 체계
- 업무 영속성 계획의 계획,수립,시험 및 보수 등을 포함하는 관리행위로 주요 통제 목표는 목표복구시간과 목표복구대상이며 전사적인 차원에서 이루어지는 관리활동

2) 업무 연속성 관리 단계

구분	내용
현황분석	기업의 현황 분석을 위한 착수
위험요소 분석	– BCP을 위한 위험 개념 정립 – 업무 특성에 따른 위험 요인 파악
업무영향분석	– BIA를 통해 위험의 영향을 측정 – 업무 중요도에 따른 복구 등급 결정(Priority 선정)
비즈니스 연속성 위한 전략개발	DR Center 및 백업 센터 구축 전략을 수립
재해 시 대응 및 운영 방안 마련	위험 및 영향 분석과 정보 동향 분석 자료를 바탕으로 대응방안, 운영 방안 강구
BCP 개발	– 백업 센터 운영 유형(운영 형태별, 기술형태별) 개발 – 운영형태 : 독자 구축/상호이용형/공동이용형/외부 위탁형 선정 – 기술형태 : Mirror Site/Hot Site/Warm Site/Cold Site 선정, 개발업무 우선 순위에 따라 혼합 기술형태 가능
재해대응훈련 및 교육	– DRP 작성 : Disaster Recovery Plan으로 이동수단, 이동인원, Action 리스트, 스크립트 사전 작성 – SOP(Standard Operation Procedure), IMP 작성 – Simulation Test 진행: 개선 작업 진행 – 관련자 교육 진행

3) BIA (Business Impact Analysis)

업무별 복구 우선순위, 목표대상, 시간 등 선정(재해 발생으로부터 정상적인 업무가 중단된 경우에 조직 및 기업에 잠재적으로 미치는 영향 및 정량적 피해 규모를 규명하는 행위)
① 주요 업무프로세스의 식별
② 재해 유형별 발생 가능성 식별
③ 재해시 업무 프로세스의 중단에 따른 손실 평가
④ 업무 중요성 우선순위 및 복구 대상 업무범위 설정
⑤ 주요 업무 프로세스별 복구 목표시간 결정

4) 재난대책계획(DRP : Disaster Recovery Planning)

- 정보시스템의 재해나 재난 발생에 대비하여 실제상황이 발생했을 때 취해야 할 행동절차를 미리 준비하는 것으로 정보의 기밀성, 무결성, 가용성, 인증성등을 확보
- 핵심적인 기업업무의 연속성을 유지하고 테스트와 시뮬레이션을 통해 DRP의 신뢰성을 유지
- 재난 발생시에 의사결정 시간을 최소화하고 복구시간을 단축하며 시스템 운영중단 인인을 식별
- 생존에 대한 계획을 마련하고 재난 복구방법을 구축

구분	내용
MTD (Maximum tolerable Downtime)	용인 가능 최대 정지 시간, 치명적인 손실 없이 조직이 운용을 중단하고 견딜 수 있는 최대 시간 MTD = RTO + WRT(Work Recovery Time)
RTO(Recovery Time Objective)	복구목표시간, 업무중단허용시간
RPO(Recovery Point Objective)	복구목표시점, 업무손실허용시점
RCO (Recovery Communication Objective)	네트워크 복구목표
RSO(Recovery Scope Objective)	업무 복구범위 목표
BCO(Backup Center Objective)	백업센터 구축목표
MAO(Maximum Acceptable Outage)	핵심업무 최대 허용 장애시간

5) 백업센터 구축 유형

유형	설명	RTO	장점	단점
Mirror Site	– 주 센터와 동일한 수준의 정보 기술자원을 원격지에 구축 – Active-Active 상태로 실시간 동시 서비스 제공	즉시	데이터 최신성 높은 안정성 신속한 업무재개	고비용 데이터의 업데이트가 많은 경우에는 과부하

유형	설명	RTO	장점	단점
Hot Site (Data Mirroring Site)	– 주 센터와 동일한 수준의 정보 기술 자원을 원격지에 구축하여 Standby 상태로 유지 (Active-Standby) – 주 센터 재해 시 원격지시스템을 Active 상태로 전환하여 서비스제공 – 데이터는 동기적 또는 비 동기적 방식의 실시간 미러링	수시간	데이터최신성 높은안정성 신속한 업무재개 높은 가용성	높은 초기투자비용 높은 유지보수비용
Warm Site	– 중요성이 높은 정보기술 자원만 부분적으로 재해복구센터에 보유 – 데이터는 주기적(약 수시간~1일)으로 백업	수일 ~ 수주	구축 및 유지비용이 핫 사이트에 비해 저렴	데이터 다소 손실 발생 초기복구수준 부분적 복구소요시간이 비교적 김
Cold Site	– 데이터만 원격지에 보관하고, 이의 서비스를 위한 정보자원은 확보하지 않거나 장소 등 최소한으로만 확보 – 재해 시 데이터를 근간으로 필요한 정보자원을 조달하여 정보시스템의 복구 개시	수주 ~ 수개월	구축 및 유지비용 가장 저렴	데이터의 손실 발생 복구에 매우 긴 시간이 소요됨 복구 신뢰성이 낮음

6) 업무연속성 계획의 접근 방법론

구분	내용
① 프로젝트 범위 및 설정 및 기획	– BCP를 사업의 어느 단계까지 적용할 것이며 계획에 필요한 요소들이 무엇인지를 발견하고 계획하는 단계로 기업의 많은 다양한 사업부문의 책임과 권한을 정의함 – 이러한 작업을 수행하는 데 필요한 조직은 BCP 위원회와 경영자층의 관리위원회이고 경영자 층의 관리위원회는 이 단계에서의 모든 행위에 대한 궁극적인 책임이 있음 – 조직의 독특한 사업경영과 정보시스템의 지원 서비스들을 조사하여 다음 활동단계로 나아가기 위한 프로젝트 계획을 수립하는 단계로 명확한 범위,조직,시간,인원 등을 정의하여야 함 – 조직의 중요한 사업단위를 식별하고 우선순위를 수립하며 자원은 사람,처리장비, 컴퓨터 관련 서비스,자동화 어플리케이션과 데이터,물리적인 인프라,문서 등 6가지로 분류함
② 사업영향평가 (BIA)	– 사업중단 사태가 발생하였을 경우 기업에 미치는 질적,양적 재정적 영향도를 파악하는데 목적이 있고 영향도를 기초로 하여 중요사업의 우선순위를 파악하고 다운타임평가, 자원의 요구사항을 파악함

구분	내용
② 사업영향평가 (BIA)	– 필요한 평가자료 수집–취약점평가–수집된 정보분석–결과의 문서화 – 발생 가능한 재난에 대한 예상, 수입상실,추가적 비용부담,신용상실 등과 같은 형태의 손실로 사건 발생 이후 시간이 경과함에 따라 손해 혹은 손실이 검증되는 정도로 업무가 최소한의 수준으로 계속 운영되는데 필요한 최소한의 직원,시설,서비스를 복구하는데 소요되는 시간 – 업무 프로세스 식별,영향 시나리오 정의,잠재적 업무영향에 대한 측정,업무복구 목표의 정의,최소한의 요구사항에 대한 평가 – 컴퓨터나 통신서비스의 심각한 중단사태에 따라 각 사업단위가 받게 될 재정적 손실의 영향도를 파악함
③ 사업영속성 계획 개발	– BIA에서 모아진 정보를 토대로 사업단위의 기능을 지원하기 위한 복구절차를 개발하고 복구전략을 수립함 – 사업의 계획성 전략을 수립하고 정의하며 사업의 계속성 전략을 문서화
④ 복구전략 개발	– BIA 단계에서 수집된 정보를 활용하여 Time–Critical 한 사업기능을 지원하는 데 필요한 복구자원을 주정하며 여러 가지 가능한 복구방안들에 대한 평가와 이에 따른 예상비용에 대한 자료를 경영자 층에 제시
⑤ 복구계획 수립	– 사업을 지속하기 위한 실제 복구계획을 수립하는 단계로 효과적인 복구과정을 수행하기 위해 명시적인 문서화가 반드시 요구되며 여기에는 경영 재산목록정보와 상세한 복구팀 행동계획이 포함됨 – 발생된 재난과 위험을 최소화하거나 방지하는데 목적이 있으며 위험을 방지하는 데 드는 비용이 실제 사업을 지속하는 비용보다 더 많이 소요되는 경우 그 방지책은 쓸모가 없는 것이므로 비용대비 효과 고려
⑥ 계획 승인 및 시행	– 사업연속성 계획이 실제 수행되는 단계이며 여기서 수행이라고 함은 실제 재난의 복구절차가 수행되는 것은 아니라 재난 가정하에 복구절차를 수행하는 것임 – 수립된 재난대책 계획에 따라 적절한 준비와 수행,문서화 그리고 직원들에 대한 훈련과정
⑦ 프로젝트의 수행 테스트 및 유지보수	테스트와 유지보수 활동현황을 포함하여 향후에 수행할 엄격한 테스트 및 유지보수 관리절차를 수립함

7) Penetration Test

구분	내용
정보 OPEN 수준에 따른 분류 유형	Black box(Zero), White Box(Full), Open Box(Source)
단계	Discovery(공격범위 대상선정), Enumeration(포트스캔,리소스식별), Vulnerability(취약점 식별), Exploitation(불법접근시도),Report to management(결과 문서화)

8) BACKUP

구분	내용
전체 백업 (Full backup)	데이터베이스 전체 파일을 백업 (예 : data file, control file, redo log file 전체를 백업)
증분백업 (=차별증분 : Differential Incremental)	Full backup이나 직전 증분백업 이후 변경분의 백업 (예 : 월마다 full backup이 있고 일마다 변경분의 증분백업이 있다면 30일째 장애 발생 시 29일분의 증분 백업을 반영하게 되므로 백업자원을 절약할 수 있으나 30일 당일분의 거래 손실이 발생할 수 있고 29개 파일에 대해 회복하게 되므로 백업속도가 느려짐)
차등백업 (=누적증분 : umulative Incremental)	Full backup이후 변경분의 누적 백업 (예 : 월마다 full backup이 있고 일마다 변경분의 차등백업이 있다면 30일째 장애 발생 시 1개의 파일만 복구하므로 백업속도가 증분백업에 비해 빠르나 30일 당일 거래의 손실은 발생할 수 있음
지속적인 백업	금융거래 등은 망실이 발생해서는 안되므로 지속적인 온라인 또는 오프라인 백업을 수행함

다음은 업무연속성계획(Business Continuity Plan)에서 고려해야 할 사항을 열거하였다. 이들 중에서 가장 먼저 시행해야 할 항목은 어떤 것인가?

① 훈련연습 : 모의훈련 실시 및 평가
② 전략수립 : 업무영향력 분석, 업무별 복구전략
③ 상시운영계획 : 상시운영팀 구성, 대응복구절차 계획
④ 위험분석 : 취약성, 업무분석

● 해설 : ④번

　BCP에서 가장 먼저 수행해야 하는 것은 자산을 정의하고 업무를 정의하는 위험분석임.

● 관련지식 ●

• BCP의 구성요소

구분	내용
BIA	Business Impact Analysis : 업무별 복구 우선순위, 목표대상, 시간 등 선정
운영방안	조직체계, 운영절차, 모의 훈련 절차
백업센터	백업센터 운영형태, 위치, 기술형태(Mirror/Hot/Worm/Cold)
백업방안	Hot, Standby, 원격백업, OS백업 등 방안 마련

재해복구시스템 복구수준별 유형 중 재해복구센터에 주 센터와 동일한 수준의 정보기술자원을 보유하는 대신, 중요성이 높은 정보기술자원만 부분적으로 재해복구센터에 보유하고, 데이터의 백업 주기가 수시간 정도인 방식은 무엇인가?

① 미러사이트(Mirror Site)
② 핫사이트(HotSite)
③ 웜사이트(Warm Site)
④ 콜드사이트(Cold Site)

● 해설 : ③번

주 센터와 동일 수준의 정보기술 자원을 보유하되 중요성이 높은 정보기술자원만 부분적으로 재해복구 센터에 보유하는 DRS는 웜사이트임.

● 관련지식 •••

• Backup Center

구분	내용
Mirror Site	주 센터와 동일한 수준의 정보 기술자원을 원격지에 구축, Active–Active 상태로 실시간 동시 서비스 제공
Hot Site	주 센터와 동일한 수준의 정보기술 자원을 원격지에 구축하여 Standby 상태로 유지(Active–Standby) 주 센터 재해 시 원격지시스템을 Active 상태로 전환하여 서비스제공,데이터는 동기적 또는 비 동기적 방식의 실시간 미러링
Warm Site	중요성이 높은 정보기술 자원 만 부분적으로 재해복구센터에 보유,데이터는 주기적(약 수시간~1일)으로 백업
Cold Site	데이터만 원격지에 보관하고, 이의 서비스를 위한 정보자원은 확보하지 않거나 장소 등 최소한으로만 확보, 재해 시 데이터를 근간으로 필요한 정보자원을 조달하여 정보시스템의 복구 개시

각종 재해나 재난의 발생을 대비하여 핵심 시스템의 가용성과 신뢰성을 회복하고 업무의 연속성을 유지하기 위한 일련의 계획과 절차를 일컬으며, 단순한 데이터의 복구나 원상회복뿐만 아니라 업무의 지속성을 보장하고 그로 인한 조직의 신뢰도를 유지하고 나아가 전체적인 신뢰성 유지와 가치를 최대화하는 방법은 무엇인가?

① BIA (Business Impact Assessment)
② DRP (Disaster Recovery Planning)
③ BCP (Business Continuity Planning)
④ MTD (Maximum Tolerable Downtime)

● 해설 : ③번

BCP는 업무의 지속성을 보장하기 위한 일련의 계획과 절차를 의미함.

● 관련지식 •

구분	내용
BCP (Business Continuity Planning)	각종 재해 발생시 사업 연속성을 유지하기 위한 방법론으로 지진, 홍수, 천재지변 등의 재해발생 시 시스템의 복구, 데이터 복원과 같은 단순 복구차원이 아닌 기업 비즈니스 연속성을 보장할 수 있는 체계
DRP (Disaster Recovery Planning)	정보기술서비스 기반에 대하여 재해가 발생하는 경우를 대비하여, 이의 빠른 복구를 통해 업무에 대한 영향을 최소화하기 위한 제반 계획
BIA (Business Impact Analysis)	재해 발생으로부터 정상적인 업무가 중단된 경우에 조직 및 기업에 잠재적으로 미치는 영향 및 정량적 피해 규모를 규명하는 행위
MTD (Maximum tolerable Downtime)	용인 가능 최대 정지 시간, 치명적인 손실 없이 조직이 운용을 중단하고 견딜 수 있는 최대 시간 MTD = RTO + WRT(Work Recovery Time)

재해복구를 위한 전략수립을 위해서는 업무영향분석(BIA : Business Impact Analysis)이 수행되어야 한다. 업무영향분석의 절차를 바르게 나열한 것은?

> A. 주요업무프로세스 식별
> B. 재해유형 및 가능성 식별
> C. 업무 중요성 및 복구대상 업무의 범위설정
> D. 재해시 업무프로세스 중단에 따른 손실평가
> E. 주요업무 프로세스별 복구목표시간 설정

① A–B–C–D–E   ② A–B–C–E–D   ③ A–C–B–D–E   ④ A–B–D–C–E

● 해설 : ④번

업무영향분석은 주요업무프로세스 식별, 재해유형 및 기능성 식별, 재해 시 업무 프로세스 중단에 따른 손실평가, 업무 중요성 및 복구대상 업무의 범위설정, 주요업무 프로세스별 복구 목표시간 설정의 단계로 구성됨.

● 관련지식 ●

BIA 절차	설명	비고
주요 업무프로세스의 식별	– 업무 프로세스의 계층적 식별 – 주요 업무 프로세스의 식별 – 업무 프로세스간의 상호연관성 분석	– 조직의 핵심적 고객서비스에 직결된 업무 프로세스 – 조직 전략 측면에서의 중요 업무 프로세스의 인식
재해 유형별 발생 가능성 식별	일반적인 재해 발생의 원인 분석	지진, 태풍, 화재, 홍수, 정전, 통신장애 등
재해시 업무 프로세스의 중단에 따른 손실 평가	유형의 피해에 대해서는 정량적 방법으로, 무형의 피해에 대해서는 정성적 방법으로 평가	– 고객 서비스와 직결된 프로세스에서 높은 손실 – 타프로세스와의 연계성이 높을수록 높은 손실
업무 우선순위 및 복구 대상 업무범위 설정	단위 업무별 정성적/정량적 분석결과를 바탕으로 우선순위 부여	업무 연관성 분석 결과 적용
주요 업무 프로세스별 복구 목표시간 결정	재해 복구 대상 그룹의 선정	RTO, RPO, RCO, RSO, BCO

재해 및 재해복구 시스템 개념에 대한 다음 설명 중 틀린 것은?

① RTO(Recovery Time Objective)는 재해로 인하여 서비스가 중단 되었을 때, 서비스를 복구하는데 까지 걸리는 예상 시간이다.
② RPO(Recovery Point Objective)는 재해로 인하여 중단된 서비스를 복구 하였을 때, 유실을 감내할 수 있는 데이터의 손실 허용시점이다.
③ 업무연속성계획(Business Continuity Planning)은 장애 및 재해 발생시 시스템의 생존을 보장하기 위한 예방 및 복구활동 등을 포함하는 계획이다.
④ 재해복구시스템(Disaster Recovery System)은 재해복구계획의 원활한 수행을 지원하기 위하여 평상시에 확보하여 두는 시스템이다.

● 해설 : ①번

RTO는 복구목표시간을 의미함.

● 관련지식 ••

• DR 관련 용어

RTO(Recovery Time Objective) : 복구목표시간, 업무중단허용시간
RPO(Recovery Point Objective) : 복구목표시점, 업무손실허용시점
RCO(Recovery Communication Objective) : 네트워크 복구목표
RSO(Recovery Scope Objective) : 업무 복구범위 목표
BCO(Backup Center Objective) : 백업센터 구축목표

SAN으로 구성된 중소형 스토리지가 복제솔루션을 가지고 있지 않은 기관에서 재해복구 시스템을 구축하고자 한다. 다음 중 복제 방안이 <u>아닌</u> 것은?

① 동일 기관에 복제솔루션을 가지고 있는 대형 스토리지를 운영하고 있을 경우 대형 스토리지로 데이터를 전환하여 복제한다.
② 중소형 스토리지를 가상화 스토리지로 통합한 후 복제 솔루션을 구축한다.
③ 서버의 버퍼 볼륨을 이용하여 IP 네트워크를 통해 복제한다.
④ 중소형 스토리지를 구성하고 있는 SAN을 MSPP(Multi-Service Provisioning Platform)에 연결하여 복제한다.

● 해설 : ④번

하나의 장비에서 음성서비스를 위한 PDH/SDH 신호를 수용하면서 데이터 서비스를 위한 이더넷을 수용하는 개념

● 관련지식 ●●

• MSPP(Multi-Service Provisioning Platform)
  – MSPP는 하나의 장비에서 여러 서비스를 수용하는 형태로 하나의 장비에서 음성서비스를 위한 PDH/SDH 신호를 수용하면서 데이터 서비스를 위한 이더넷을 수용하는 개념으로 복제 솔루션이 아닌 하나의 장비에서 다양한 이종 서비스를 지원하는 BcN의 차세대 전송방식의 네트워크 플랫폼
  – 한대의 동기식 디지털 계층구조(SDH 광전송방식)장비를 통해 비동기전송모드(ATM) 신호인 셀(Cell)과 기가비트 이더넷 신호인 IP(인터넷 프로토콜)데이터, 전용회선 서비스까지 모두 수용할 수 있어 장비 투자비용과 운용비용을 최대 90%까지 절감

업무연속성의 5단계 접근 방법론을 순서대로 나열한 것은?

> 가. 프로젝트의 범위 설정 및 기획
> 나. 프로젝트의 수행테스트 및 유지보수
> 다. 복구전략 개발
> 라. 복구계획 수립
> 마. 사업영향평가

① 가-마-다-라-나   ② 가-다-마-라-나
③ 가-마-라-다-나   ④ 가-다-라-마-나
⑤ 가-라-다-마-나

● 해설 : ①번

업무연속성계획은 4단계/5단계/6단계의 3가지 접근 방법론으로 구분해 볼 수 있으며 이 중 5
단계 접근 방법론은 프로젝트의 범위설정 및 기획,사업영향평가,복구전략개발,복구계획 수립,
프로젝트 수행 테스트 및 유지보수의 순으로 수립됨.

● 관련지식 ••

1) 업무연속성계획의 접근 4단계 방법론

구분	내용
프로젝트 범위 및 설정 및 기획	- BCP를 사업의 어느 단계까지 적용할 것이며 계획에 필요한 요소를 식별하고 계획하는 단계로 사업부문의 책임과 권한을 정의함 - 경영층의 관리위원회가 이 단계의 궁극적인 책임을 짐
사업영향평가	- 사업중단 사태 발생 시 기업에 미칠 수 있는 정성적, 정량적 재정적 영향도를 파악하는 데 목적이 있음 - 영향도는 중요사업의 우선순위,다운타임 평가, 자원의 요구사항 파악을 통해 분석되며 1) 필요한 평가자료 수집 2) 취약점 평가 3) 수집된 정보 분석 4) 결과의 문서화를 거쳐 수행됨
사업영속성 계획 개발	- BIA에서 모아진 정보를 토대로 사업단위의 기능을 지원하기 위한 복구절차를 개발하고 복구전략을 수립하게 되며 1) 사업의 연속성 전략을 수립하고 정의 2) 사업의 연속성 전략의 문서화를 통해 수행됨
계획승인 및 시행	- 사업연속성 계획이 실제 수행되는 단계로 실제 재난의 복구 절차가 아닌 재난 가정하의 복구절차를 수행하는 단계임

2) 업무연속성계획의 접근 5단계 방법론

구분	내용
프로젝트의 범위설정 및 기획	정보시스템의 지원서비스를 조사하여 다음 활동 단계를 수행하기 위한 프로젝트 계획을 수립하는 단계로 범위,조직,시간,인원 등을 정의함
사업영향평가(BIA)	사업중단 사태 발생 시 기업에 미칠 수 있는 재정적 손실에 대한 영향도를 평가하는 단계
복구전략 개발	BIA단계에서 수집된 정보를 활용하여 Time Critical한 사업기능을 지원하는 데 필요한 복구자원을 추정하며 가능한 복구방안들에 대한 평가와 이에 따른 예상비용에 대한 자료를 경영자층에 제시하는 단계
복구계획 수립	사업을 지속하기 위해 실제 복구계획을 수립하는 단계로 명시적인 문서화가 반드시 요구되며 경영재산 목록정보와 상세한 복구팀 행동계획이 포함됨
프로젝트 수행 테스트 및 유지보수	테스트와 유지보수 활동 현황을 포함하여 향후에 수행할 테스트 및 유지보수 관리 절차를 수립함

3) 업무연속성 계획의 접근 6단계 방법론

구분	내용
사업상 중대업무 규정	조직의 중요한 사업단위를 식별하고 우선순위를 수립
사업상 중대업무를 지원하는 자원의 중요도 결정	자원은 사람,장비,컴퓨터 서비스,자동화 어플리케이션과 데이터,물리적 인프라,문서 6가지로 분류하여 각 자원별 중요도를 결정함
발생 가능한 재난에 대한 예상	자원에서 발생 가능한 재난 시나리오와 영향도를 분석 및 예상함
재난대책 수립	발생된 재난과 위험을 최소화하거나 방지하는 데 목적이 있으며 위험을 방지하는 데 드는 비용이 실제 사업을 지속하는 비용보다 더 많이 소요되지 않도록 대책 수립
재난대책 수행	수립된 재난대책계획에 따라 적절한 준비,수행,문서화,훈련
테스트 및 수정	비상대책계획의 결점발견과 수행의 원활함을 위해 정기적으로 테스트하고 수정하는 과정

재난복구계획(DRP) 테스트는 테스트의 범위와 강도에 따라 5단계로 나뉜다. 다음 보기 중 가장 강도가 낮은 단계는 무엇인가?

① Simulation
② Structured Walk-Through
③ Full-Interruption Test
④ Parallel Test

● 해설 : ②번

DRP는 데스크 체크→구조적 워크스루→시뮬레이션→병행테스트→완전중단테스트의 순으로 강도가 높아지게 되며 제시된 예문 중에서는 Structured Walk-Through가 보안 강도가 가장 낮고 Full-Interruption Test가 가장 높은 단계임.

● 관련지식 ●●●

데스크 체크방식의 경우 빈도는 자주 발생되며 복잡성이 낮은 반면 완전 중단테스트는 빈도는 드물고 복잡도는 높은 방식임.

구분	내용
데스크 체크(or 체크리스트)	– 단순하고 저렴한 비용이 장점인 방식으로 참가자는 전화번호, 장비 및 위치와 같은 정보를 체크하고 계획을 검토함 – 계획 및 유지보수 지원 내용을 확인이 주작업임
구조적 워크스루(or Classroom Exercise)	– 각 기능의 대표자들이 모여서 여러 회의를 통해 각 계획 요소와 절차에 대해 논의하며, 각 기능대표자들은 계획을 검토하고 일부 역할의 상호작용에 대해 논의함 – 모든 회의는 회의실의 범위 내에서 행해지며, 효율성과 한계를 평가함 부족한 부분이나 개선을 위한 영역이 테스트 보고 및 사후 테스트 검토를 위해 설명되어짐
시뮬레이션 (or 기능 테스트, War Games)	– 시뮬레이션은 전형적으로 가상 재해를 통하여 모든 팀은 그들의 훈련 및 판단을 연습하고, 실제 상황에 대해 연습하기 위해 시뮬레이션 함 – 오프사이트 저장소 및 복구 사이트 리허설에 대한 직원의 역할을 사전 통지와 함께 그들에게 연락 할 수 있으며, 시뮬레이션은 실제 정보처리는 하지 않으며, 2차 사이트로의 재배치까지만 테스트함
병행 테스트	– 업무를 대체사이트로 이동하게 하며 대체 사이트에서 기존 작업을 재현하여 병행처리 하는 방식임

구분	내용
병행 테스트	– 실제 복구 사이트에서의 작업으로 테스트 시간의 이점을 가져오지만, 보다 높은 비용과 복잡성이 증가되나, 병행 테스트의 이점은 복구 사이트의 처리 결과가 1차 사이트의 처리와 비교될 수 있다는 것임 – 또 다른 이점은 복구 절차를 보다 완전하게 테스트 되어지고, 직원들도 보다 완전하게 훈련되어 짐 – 병행 테스트는 기본적으로 중요 시스템이 대체 사이트에서 가동이 가능하다는 것을 보여주기 위한 운영 테스트임
완전 중단 테스트	– 1차 사이트를 완전 중단하고 2차 사이트는 업무를 처리하는 방식임 – 완전 중단 테스트는 성공적인 병행 테스트 후에 고려되어야 하고, 운영 위원회(Steering Committee)의 허가 하에서 테스트 되어야 하며, 완전 중단 테스트는 일반적으로 주 업무 사이트를 완전 중단하고 테스트를 진행하기 때문에 실제 재해 발생의 가능성이 있어 대규모 조직에서는 권장하지 않음 – 또한 완전 중단 테스트 이후 1차 사이트의 복구에 문제가 발생할 경우를 대비하여 이러한 사고를 대비한 복귀계획이 필수적임

정보시스템감리사 소개

I. 정보시스템감리사 소개

2005년 12월 "정보시스템의 효율적 도입 및 운영 등에 관한 법률" 이른바 ITA법 제정되었고, 2007년 1월 공공기관 감리가 의무화 되었습니다.

> 제 11조(공공기관의 정보시스템 감리) ① 공공기관의 장은 제12조의 규정에 따른 감리법인으로 하여금 정보시스템의 특성 및 사업의 규모 등이 대통령령이 정하는 기준에 해당하는 정보시스템 구축사업에 대하여 정보시스템 감리를 하게 하여야 한다.

1. 정보시스템 감리를 받아야 하는 대상은 다음과 같습니다.

   (1) 정보시스템의 특성이 다음 중 어느 하나에 해당되는 경우 (단, 1억원 미만 제외)

   가. 대국민 서비스를 위한 행정업무 또는 민원업무 처리용으로 사용하는 경우

   나. 다수의 공공기관이 공동으로 구축 또는 사용하는 경우

   다. 공공기관간의 연계 또는 정보의 공동이용이 필요한 경우

   라. 그 밖에 감리를 시행할 필요가 있다고 해당 공공기관의 장이 인정하는 경우

   (2) 정보시스템 구축사업으로서 개발비 5억 원 이상인 경우

2. 정보시스템 감리 수행 자격은 다음과 같습니다.

> 제 14조 ① 감리원이 되고자 하는 자는 등급별 기술자격 등 대통령령이 정하는 일정한 자격을 갖추어야 하며, 대통령령이 정하는 바에 따라 감리업무의 수행에 필요한 교육을 받아야 한다.

   (1) 수석감리원 : 기술사 또는 정보시스템 감리와 관련하여 [자격기본법]에 따른 국가 공인 자격을 취득한 자

   (2) 감리원 : 기사 자격을 취득한 후 7년 이상 정보처리분야 업무를 수행한 자
   산업 기사 자격을 취득한 후 10년 이상 정보처리분야 업무를 수행한 자

II. 정보시스템감리사 시험응시 방법

1) 정보시스템감리사 자격검정 안내

구분	내용
시험횟수	년 1회 (7월 경 시행), '07년까지는 3~4월경 시행, 08,09,10년 7월 시행
시험주관	한국정보화진흥원
시험과목	− 감리 및 사업관리('07년 특별시험 부터 감리 영역 포함됨) 25문제 − 소프트웨어 공학 25문제 − 데이터베이스론 25문제 − 시스템 구조 25문제 − 보안 20문제
합격기준	− 필기전형 과목별 40점 이상자 중 총점결과 순으로 상위 40명 선정 − 필기전형 총점의 동일 점수 취득자가 다수인 경우 아래 순으로 순위 부여 ♣ 감리 및 사업관리 과목 우수자→ 소프트웨어공학 과목 우수자 → 데이터베이스 과목 우수자 → 시스템 구조 및 보안 과목 우수자 → 생년월일 연소자 (감리사 시험의 경우 동점자가 많으므로 위와 같은 기준이 당락을 결정할 확률이 상당히 높음)
문제유형	객관식 (다지 선다형 및 5지선다형 존재)
시험시간	120분(1분당 1문제 이므로 시험시간 매우 촉박, 반복적인 훈련이 필요함)
문항수	120문항

2) 응시자격기준

① 기술사
② 기사자격을 가진 자로서 정보처리분야의 실무경력 7년 이상인 자
③ 산업기사자격을 가진 자로서 정보처리분야의 실무경력 10년 이상인 자
④ 박사학위를 가진 재(정보처리분야 학위소지자)
⑤ 석사학위를 가진 자로서 정보처리분야의 실무경력 6년 이상인 자
⑥ 학사학위를 가진 자로서 정보처리분야의 실무경력 9년 이상인 자
⑦ 전문대학을 졸업한 자로서 정보처리분야의 실무경력 12년 이상인 자
⑧ 고등학교를 졸업한 자로서 정보처리분야의 실무경력 15년 이상인 자

※ 기술사 자격명 : 정보 관리, 전자계산조직응용, 정보통신 기술사
※ 기사　자격명 : 정보처리, 전자계산조직응용, 정보통신 기사
※ 산업기사 자격명 : 정보처리, 정보기술, 전자계산조직응용, 정보통신 산업기사
※ 경력은 자격 또는 학위 취득 후부터 산정함.
※ 기사 자격증은 취득 후 7년임

3) 정보시스템감리사 경력 제출서류

응시자격구분	제출서류
기술사	1. 응시원서 2. 자격증 사본
기사/산업기사 자격소지자로서 실무경력자	1. 응시원서 2. 자격증 사본 3. 경력(또는 재직)증명서
박사학위 소지자	1. 응시원서 2. 졸업증명서 (또는 학위기 사본)
석사 이하 학위 소지자로서 실무경력자	1. 응시원서 2. 졸업증명서 (또는 학위기 사본) 3. 경력(또는 재직)증명서

※ 감리사 자격의 경우 실무경력에 대한 요구 기간이 많으므로 자신의 경력이 제시한 기준
에 비슷한 경우
경력 사항이 정확하게 인정하게 인정받을 수 있는지 미리 한국정보화진흥원에 확인 하고
수검준비를 하는 것이 좋습니다.

4) 자격증 취득 절차

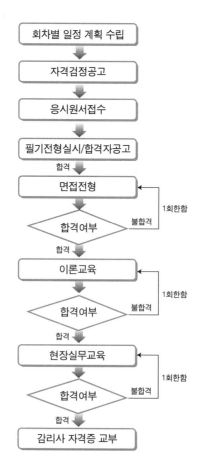

III. 최근 동향 및 학습 전략

1. 최근동향

구분		응시자	합격자	경쟁률	합격점수	특이사항
시험추이	2005년	323명	40명	8.1:1	66점	
	2006년	615명	80명	7.7:1	67점	교수 15명, 공무원 8명 41-45세 : 192명 응시
	2007년	821명	80명	10.2:1	71점	다시 선다형 문제 출제 60대 : 3명 중 합격 없음 50대 : 67명 중 1명 합격 40대 : 318명 중 16명 합격 30대 : 436명 중 67명 합격
	2009년	약 917명	40명	22.8:1	70점	다지선다형 문제 출제
	2009년	약 988명	40명	24.7:1	76점	다지선다, 5지선다 출제
	2010년	약 924명	40명	23.1:1	83점	다지선다, 5지선다 출제, 120문제
출제경향	선발인원	2008년 9회 시험부터 년 40명 선출				
	응시인원	최근 응시인원 증가 추세 합격점수 상향 추세				

최근 응시인원 증가 추세
합격점수 상향 추세

■ 응시자

5회	6회	8회	9회	10회	11회
323	615	821	917	988	924

2. 감리와 사업 관리

과목	학습자료	합격전략
감리 및 사업관리	PMBok(가장 중요함) 관련법령, 고시 감리점검해설서	PMBok에 대한 전반적인 내용 수강 각종 법령에 대해 상세하게 학습필요(10문제) PMP에서 시험 보는 문제 반복 학습 감리사역역에서 출제되는 사업관리 연여 학습 관련 법령, 고시 공부
	참고서적	고시1_정보기술아키텍처 도입 운영 지침(행안 부고시 제2008-17호_20080619) 외 20종

과목	학습자료	합격전략
감리 및 사업관리	– 참고서적 : PMBOK, PM+P (필요시 PMP수험문제집–김병호), 실용프로 젝트관리론(이주헌교수) – 감리사 수험서	

3. 소프트웨어 공학

과목	학습자료	합격전략
소프트웨어 공학	소프트웨어 전공서적 기술사 요약노트 기술사정리 자료 정보처리기사 문제집	S/W공학 기본 교육 수강 감리사 양성 프로그램 교재 공부
	참고서적 – 탑스팟 공무원수험서/문제집 – 프트웨어공학(프레스만) – 소프트웨어공학(최은만) – UML 책 1권 – 정보처리기사 최근 7년 문제풀이 – 감리사 수험서	

4. 데이터베이스

과목	학습자료	합격전략
데이터베이스	데이터베이스 전공서적 정보처리기사	데이터베이스 기본교육수강 정보처리기사 최근 7년 문제풀이 감리사 양성 프로그램 교재 공부 SQL구문, 정규화원리, DW분야(마이닝, OLAP등)에 대해 심화된 학습이 필요함
	참고서적 – 데이터베이스론(이석호) – 데이터베이스시스템(박용) – 탑스팟 공무원수험서/문제집 – 기사문제집 – 감리사 수험서	

5. 시스템 구조 및 보안

과목	학습자료	합격전략
시스템구조 및 보안	기술사 요약노트 정보기술총서/정리노트 자료 주요 이슈기술 중심의 학습 필요 (예. IPv6, IPS, Phamming)	기술사요약노트 공부(가장 많이 의존되는 영역) 이슈가 되는 사항은 인터넷을 검색하여 학습

과목	학습자료	합격전략
시스템구조 및 보안	참고서적 – CISSP문제집 – 감리사 수험서	감리사 양성 프로그램 교재 공부

6. 기타 참고 자료

구분		내용	공부방법
자료내용	기출문제	2004년, 2005년, 2006년, 2007년, 2008년, 2009년	문제형태와 범위파악에 결정적 매회 문제가 다르지만 유사한 문제가 반복됨
	정보처리 기사	2001년 ~ 2007년 총 19회	최근 3년 소프트웨어 공학, 데이터베이스 풀이 객관식 도움, 실전에선 간단한 문제 출제 안됨
	기술사 정리자료	소프트웨어공학, 데이터베이스, 시스템 구조 및 보안	과락을 면하고 기본 점수 획득에 도움 취약한 분야 보안에 결정적 도움
	각종 법령, 고시	– 정보시스템의 효율적 도입 및 운영 등에 관한 법률 – 정보기술아키텍처 도입·운영 지침 – 상호운용성 확보 등을 위한 기술평가기준 – 정보시스템의 구축·운영 기술 지침 – 정보시스템 감리 기준 – 정보시스템 감리원의 자격 및 교육 등에 관한 고시 – 전자서명법 – 컴퓨터프로그램보호법	법령이 많이 읽다 보면 문제를 출제할 가능성이 있는 내용이 눈에 들어옴
	기타 가이드	– 전자정부지원사업관리방안 – 행정DB사업관리방안 – 공공부문 SW사업 발주.관리 표준 프로세스 – 소프트웨어 사업대가기준, 기술성 평가기준 – 정보시스템 운영지침 – 공개소프트웨어 가이드 – 패키지SW유지보수 가이드 – 정보시스템 용량산정 기술 및 프레임워크 연구 등	
	KMS, 인터넷	2% 부족을 채워주는 부분. 꼬리에 꼬리를 물고 공부함으로써 실전에 많은 도움	

이 책은 무단 복사, 복제, 전재하는 것은 저작권법에 저촉됩니다.

보안

감리사 기출풀이

1판 1쇄 인쇄 · 2011년 3월 30일
1판 1쇄 발행 · 2011년 4월 15일

지 은 이 · 이춘식, 양회석, 최석원, 김은정
발 행 인 · 박우건
발 행 처 · 한국생산성본부
　　　　　　서울시 종로구 사직로 57-1(적선동 122-1) 생산성빌딩
등록일자 · 1994. 9. 7
전　　화 · 02)738-2036(편집부)
　　　　　　02)738-4900(마케팅부)
F А X · 02)738-4902
홈페이지 · www.kpc-media.co.kr
E-mail · kskim@kpc.or.kr
I S B N · 978-89-8258-620-0 03560

※ 잘못된 책은 서점에서 즉시 교환하여 드립니다.